周华坤　陈晓澄　李来兴　主编

科学家眼中的青藏高原生态保护

商务印书馆
创于1897
The Commercial Press

图书在版编目（CIP）数据

科学家眼中的青藏高原生态保护 / 周华坤，陈晓澄，李来兴主编 . —北京：商务印书馆，2023
ISBN 978-7-100-21980-8

Ⅰ . ①科… Ⅱ . ①周… ②陈… ③李… Ⅲ . ①青藏高原—生态环境保护—研究 Ⅳ . ① X321.27

中国国家版本馆 CIP 数据核字（2023）第 024712 号

科学家眼中的青藏高原生态保护
周华坤　陈晓澄　李来兴　主编

商 务 印 书 馆 出 版
（北京王府井大街 36 号　邮政编码 100710）
商 务 印 书 馆 发 行
北京雅昌艺术印刷有限公司印刷
ISBN 978 - 7 - 100 - 21980 - 8

2023 年 5 月第 1 版　　　　开本 787 × 1092　1/16
2023 年 5 月北京第 1 次印刷　　印张 11½

定价：88.00 元

编　委　会

相关科研项目

第二次青藏高原综合科学考察研究专题（2019QZKK0302）：草地生态系统与生态畜牧业

青海省创新平台建设专项（2022-ZJ-Y02）：青海省寒区恢复生态学重点实验室

中国科学院——青海省人民政府三江源国家公园联合研究专项2020年度项目（LHZX-2020-08）：三江源国家公园生态恢复及功能提升技术集成与示范

2020年第二批林业草原生态保护恢复资金——祁连山国家公园青海片区生物多样性保护项目（QHTX-2021-009）：气候干扰和人为干扰下祁连山国家公园青海片区高寒草地生物多样性与生态系统功能关系研究

青海省自然科学基金创新团队项目（2021-ZJ-902）：三江源退化高寒草地可持续恢复机制与模式研究

青海省"昆仑英才·高端创新创业人才"项目：高原生物耐逆性适应创新团队

中国科学院——青海省人民政府三江源国家公园联合研究专项2021年度项目（LHZX-2021-03）：三江源国家公园裂腹鱼类极端环境适应性研究

青海省"昆仑英才"人才培养计划项目

国家重点研发计划（2019YFC0507404）课题四第三专题：祁连山自然保护区濒危动物多样性及动态监控

中国科学院——青海省人民政府三江源国家公园联合研究专项2020年度项目（LHZX-2020-01-12）：三江源国家公园旗舰物种雪豹监测

中国科学院"西部之光"青年学者Ａ类项目：长江源区人兽冲突调控机制及管理措施研究

中国科学院"西部之光"创新交叉团队项目：青藏高原啮齿动物对草地生物多样性和生态系统功能的影响

国家动物标本资源库项目

内蒙古自治区中央引导地方科技发展资金项目（2021ZY0043）：白刺属植物人工繁育及锁阳人工接种技术集成与示范

香港乐施会资助项目：高寒草甸"鹰架灭鼠"研究（1999—2000）

科技部"十五"攻关项目子专题：高原鼠兔生物控制技术研究与示范

国家自然科学基金项目30270217：用稳定性同位素技术对高寒草场食鼠猛禽食性的研究

序

青藏高原，被誉为"中华水塔""世界屋脊"和"地球第三极"，对于从未到过这里的人来说，这些神奇的名字很容易勾起他们关于这片土地的各种遐想，以及高海拔、缺氧、寒冷等第一印象。但是作为一个独特的生态地理单元，对于生于斯长于斯的万物生灵来说，这是一片充满生机、充盈着生命律动的家园乐土。

在这片土地上，建设有我国第一批国家公园之一的三江源国家公园，分布着广袤的草原，拥有陆地植物分布海拔的极限——高山冰缘带，生长着许多独特的动植物。这些动植物与它们生存所依赖的草地、湖泊、河流等共同构成了青藏高原特殊的高寒生态系统，并作为我国重要的生态安全屏障，被以国家公园为主体的保护地体系精心保护起来。

本书的作者都是长期从事青藏高原生态保护研究的科技工作者，他们将长期积累的大量科研素材凝练升华，挑选出其中最重要且通俗易懂的部分编著成册，最终形成一部极具科普性、学术性和趣味性的读物。本书以轻松的语气、幽默诙谐的笔调，将青藏高原上动物、植物和生态环境的故事向读者娓娓道来，讲述了三江源国家公园的前世今生，探讨了高寒草地"生病"的原因与"治病"的方法，介绍了青藏高原上的高山冰缘带，生活在高原上的动植物的独特生存方式，以及高原生物资源的宝库——青藏高原生物标本馆，等等。

书中的每篇文章都是作者长期科学研究的积累，旨在向读者展示一幅既生动活泼，又具有科学理性的青藏高原生态画卷，传播科普知识。希望本书能为广大关心和想要了解青藏高原生态坏境的科技人员、管理人员、农牧民群众及相关专业的高校师生、中小学生等读者提供更多有价值的信息，以期增强读者朋友对青藏高原的了解，激发对青藏高原生态保护的热情。

是为序。

周华坤

2022 年 8 月 26 日

目　　录

第一章　国家公园Q&A

王芳　周华坤

国家公园，顾名思义是属于国家的、具有国家代表性的公园。那什么又是公园呢？公园的分类有哪些？中国最早的公园是什么时候建成的？中国的公园建设是如何发展的？以国家公园为主体的自然保护地是什么？下面我们就来一一探讨这些问题。

一、公园的概念和分类

公园，一个无人不知的名词，一个几乎人人都去的地方。在孩子的眼中，公园是尽情撒欢的地方；在成人的眼中，公园是放松身心的地方。清晨我们可以去公园晨练，在新鲜的空气中迎接新一天的到来；傍晚我们可以去公园散步，驱散工作一天后的疲惫；闲暇时也可以去公园练剑、跑步、打太极，等等。配有户外游乐设施的儿童公园是孩子们的最爱；配有运动设施的体育公园是体育爱好者的打卡地；牡丹园、丁香园等花园式公园则是女性同胞们的好去处；有山、有水、有游憩设施的综合公园则是老人们散步健身的休闲地。

那么公园仅仅是指与我们日常生活息息相关的这些休闲之所吗？它的官方释义是什么？除了上面提到的儿童公园、综合公园、体育公园外，还有哪些类型的公园呢？

在中华人民共和国住房和城乡建设部颁布的《公园设计规范》（GB 51192-2016）中，公园被定义为向公众开放，以游憩为主要功能，有较完善的设施，兼具生态、美化等作用的绿地。

对于公园的分类，早在 1996 年，李永雄、陈明仪等就设想将中国的公园分为自然公园和城市公园。自然公园又可以分为国家公园、省立自然公园、市立自然公园。城市公园则分为基干公园、特色公园。基干公园指居住小区游园、居住区综合公园、区级体育公园、市级综合性公园、市级体育公园。特色公园包括儿童公园、游乐公园、历史名园、纪念性公园、文化艺术公园、风景名胜公园、专类植物园、盆景园、专类动物园、科普公园。

有学者认为，从娱乐和休闲角度可以将公园分为城市公园、森林公园、主题公园、专类公园（动物园、植物园、儿童公园）和花园（如牡丹园、兰圃、

西宁市文化公园

西宁市虎台遗址公园

南凉虎台遗址

西宁市植物园

以上图片均为王芳拍摄

丁香园等），而从生态和环境保护角度，则可将公园分为自然保护区、森林公园、风景名胜区、湿地公园等。

随着我国公园建设以及自然保护地体系的发展，人们逐渐习惯将公园分为城市公园和自然保护地两大类型。

城市公园可分为综合公园、专类公园、花园。其中，综合公园有市级、区级和居住区级；专类公园有动物园、植物园、儿童公园、文化公园、体育公园、交通公园、遗址公园和陵园等；花园有综合性花园、专类花园（如牡丹园、兰圃、丁香园）等。

自然保护地分为国家公园、自然公园和自然保护区等。其中国家公园目前有三江源国家公园、大熊猫国家公园、东北虎豹国家公园、海南热带雨林国家公园、武夷山国家公园；自然公园则包括各类森林公园、地质公园、海洋公园和湿地公园；自然保护区则包括生态系统类型保护区、生物物种保护区和自然遗迹保护区等。

二、城市公园

城市公园，是建造在城市中的、由政府或公共团体为公众建设的公园，不仅供大家游憩，还可以美化城市，改善生态环境，更可以体现地域文化特色。一座城市公园的诞生，大到城市园林绿地系统工程的整体规划建设，小到地形地貌设计，涉及方方面面的知识，如生物学、林学、草学、园林设计、生态学、地理学、土木工程学、建筑学、城乡规划、哲学、历史和文学艺术等。

1. 城市公园是怎么来的？

早在 19 世纪 50 年代，有一个叫奥姆斯特德的美国人，特别富有且热衷旅行，写了一本游记《一个美国农夫在英格兰的游历与评价》（*Walks and Talks of an American Farmer in England*）。出于对英国的德比植物园（Derby Arboretum）和伯肯海德公园（Birkenhead Park）的喜欢，基于自己七年的测量学和工程学专业基础，1857 年，奥姆斯特德与搭档沃克斯参加了纽约政府组织的公园设计大赛并获得第一名，因此被任命为美国中央公园（美国第一个城市公园）的设计负责人。他首次提出了景观园林的概念，并且引领了在美国各大城市中建设公园的潮流。现代意义上的城市公园最早便源于此。

2. 中国的城市公园是怎么发展起来的？

据文献记载，中国古代最早的"公园"建成于春秋战国时期的楚国，楚灵王听到郑国大夫子产铸造了一个大鼎，不甘落后于中原而征集了 10 万名能工巧匠在京城郢（今湖北省宜城市东南）建造了章华台。后来晋国的晋平公听闻此事，即下令建造虒祁宫。在某种意义上，章华台和虒祁宫可以算是我国最古老的两大"公园"。但这两个公园并不是现代意义的公园，而是供皇室贵族游览的皇家园林。

中国近代的城市公园是鸦片战争后由法租界中的西方人引进的。1868 年，中国第一座公园——"公共花园"（今黄浦公园）在上海建成。公园采用了英式风格，园内建有大面积草地、音乐台、西式凉亭和休闲座椅，但该公园当时仅限于外国侨民及上层人士游玩，不对普通公众开放。直到 1905 年，无锡公花园的建成，才使得中国的城市公园具有了对外免费开放的功能。因此，无锡公花园也是被中国园林界所承认的第一个公众意义上的公园。

辛亥革命到中华人民共和国成立期间，政府主导的公园建设成了这一时期园林发展的主要方式。但受到当时社会动荡和战争的影响，公园建设进程较慢。这段时期建成的公园数量少，园容也不是很美观，但已经有了适合民众活动的内容，公园文化也在这一时期逐渐形成。1928 年，"中国造园学会"成立；随后，中央金陵大学、浙江大学和复旦大学也开设了造园和观赏园艺的课程。这一时期的典型公园有 1918 年广州建设的"市立第一公园"（今广州市人民公园），内设运动场、戏园、游艺场、动物园等。新中国成立后，中国的城市公园逐渐走向现代化，经历了文化休息阶段（1949—1957 年）、农林生产阶段（1958—1965 年）、商业游乐阶段（1978—1990 年）、休闲游憩阶段（1990 年至今）。中国的城市公园建设从定位、目标和服务功能等方面有了根本的变化，已经具备了大众休闲娱乐、观光游憩、兴趣社交、运动锻炼、文化科普等诸多功能。

三、自然保护地之自然公园

除了离我们最近的城市公园，其实还有属于自然保护地的自然公园。什么是自然保护地，什么又是自然公园，它们之间有着什么样的联系呢？

首先，我们来看看自然保护地的概念。

自然保护地是由各级政府依法划定或确认，对重要的自然生态系统、自然遗迹、自然景观及其所承载的自然资源、生态功能和文化价值实施长期保护的陆域或海域。自然保护地是生态建设的核心载体、中华民族的宝贵财富、美丽中国的重要象征，在维护国家生态安全中居于首要地位。在类型上，自然保护地包括自然公园、自然保护区和国家公园。

那什么是自然公园呢？自然公园顾名思义跟大自然有关，比如森林公园、地质公园、海洋公园、湿地公园、沙漠公园等。它是国家为了保护重要的自然生态系统、自然遗迹、自然景观而设置的自然保护地，不仅具有公众观赏性，还有生态保护和科学研究价值。

说起自然保护地，不能不提到世界自然保护联盟（International Union for Conservation of Nature，IUCN）。IUCN 是由各国政府协商建立、非政府组织参与的国际自然保护机构，1948 年成立于法国的枫丹白露，总部设在瑞士的格兰德，有 1000 多个政府和非政府组织成员，11000 名科学家和专家作为志愿

青海西宁湟水国家湿地公园（王芳 摄）和公园内的科普指示牌（赵新全 摄）

者参加工作，是目前世界上最大的自然保护团体。IUCN 用了近 50 年时间制定的《自然保护地管理分类标准》是目前世界上应用最为广泛、接受度最高的自然保护地分类模式，对自然保护工作有着巨大的指导意义和参考价值。

1956 年，我国建立了第一个自然保护区，即位于广东省肇庆市鼎湖区的鼎湖山国家级自然保护区，总面积约 1133 公顷，隶属于中国科学院。保护区的主要保护对象为南亚热带地带性森林植被。保护区内生物多样性丰富，是华南地区生物多样性最富集的地区之一，被生物学家称为"物种宝库"和"基因储存库"。鼎湖山国家级自然保护区的设立可以看作是我国自然保护地建设的开端。

改革开放后，我国又建立了一大批自然保护区、风景名胜区、自然文化遗产、森林公园、地质公园等多种类型的保护地，基本覆盖了我国绝大多数重要的自然生态系统和自然遗产资源。1994 年，国务院颁布了《中华人民共和国自然保护区条例》，自然保护和自然教育开始有了法律保障。

可可西里国家级自然保护区腹地的布喀达坂峰（青海省最高峰） 连新明 摄

四、自然保护地之主体——国家公园

讲完自然保护地及自然保护地中的自然公园，接下来我们再看一下自然保护地的主体——国家公园。什么是国家公园？国际上是怎么定义的？我国的国家公园又是怎样定义的？我国的国家公园经历了怎样的发展历程？国家公园有什么样的特征和功能？

1832 年，美国艺术家乔治·卡特林在探访美国西部时意识到，美国西部的原住民地区应该得到国家的妥善保护："他们应该和这里的野生动植物一起保持着最为鲜活的原始状态，得到一个庞大的公园——国家公园——的庇护。"于是，他提出了国家公园的概念。1872 年，世界上第一个国家公园——美国黄石国家公园——建立，《黄石国家公园保护法案》（*Yellowstone National Park Protection Act*）也随之诞生，在该法案中，美国将国家公园定义为：为人们受益和欣赏的大众公园或游憩地。

1974 年，IUCN 在前期工作的基础上重新定义了国家公园的概念。之所以要介绍这个概念，是因为这一概念是继美国艺术家乔治·卡特林提出的国家公园概念之后被国际社会接受度最高的概念。它将国家公园定义为：具有优美景观、特殊生态或地形，有国家代表性，未经人类开采聚居或建设的场所；此处限制工业区、商业区及人类聚居开发，禁止伐木、采矿、设厂、农耕、放牧及狩猎等行为，以有效地维护自然景观及生态平衡；保护现有的自然状态，准许游人在一定条件下进入，可作为现代及未来的科研、教育、游览和启智的场所。

在 2009 年的《云南省国家公园地方标准》中，我国定义的国家公园为：由政府划定和管理且具有一定的国家或国际意义的保护地。随着时代的发展，我国国家公园的概念被注入了科研、科普、教育、游憩、国家象征和享有最严格保护的自然保护地等因素，由此产生了具有中国特色的国家公园概念，即**由国家批准设立并主导管理，边界清晰，以保护具有国家代表性的大面积自然生态系统为主要目的，实现自然资源科学保护和合理利用的特定**

陆地或海洋区域。

1. 国家公园的准入条件和基本特征

国家公园的概念有了，那什么样的公园才能符合国家公园的条件呢？1974 年，IUCN 出版了《世界各国国家公园及同类保护区名录》。名录中规定了设立国家公园的基本条件：（1）面积不小于 1000 公顷，具有国家代表性的特殊生态系统或特殊地形地貌，景观优美，且未经人类开采、聚居或开发建设的自然区域；（2）为长期保护自然、原野景观、野生动植物、特殊生态体系而设置的保护区域；（3）由国家最高权力机构采取步骤和有效维护自然生态、自然景观，限制开发工业区、商业区及聚居之地区，并禁止伐林、采矿、设厂、农耕、放牧、狩猎等人为行为的区域；（4）维护原始自然状态，保持自然生态系统的原真性和完整性，作为当代及未来世代的科学、教育、游憩和启智的区域。

1994 年，IUCN 进一步提出了"保护地管理类别指南"，将保护区管制级别进一步划分为：严格的自然保护区（Ⅰa）、自然保护区（Ⅰb）、国家公园（Ⅱ）、自然遗址（Ⅲ）、生境 / 物种管制区（Ⅳ）、景观保护区（Ⅴ）、资源保护区（Ⅵ）6 个大类，并对其定义、管理目标和指导原则做出了具体和明确的规定，为世界各国保护地的计划编制、管理及监督提供了一个国际认可的概念与实践框架。

那么，我国的国家公园设立的标准是什么呢？

2021 年 10 月 25 日，在国家林业和草原局"国家公园标准"专题新闻发布会上，林草调查规划院副院长唐小平高度概括了国家公园的准入条件，即需要同时满足国家代表性、生态重要性和管理可行性。他指出，"国家代表性"在国家公园遴选中极其重要，不仅强调国家公园应选择具有中国代表意义的自然生态系统，或中国特有和重点保护野生动植物物种的集聚区，且具有全国乃至全球意义的自然景观和自然文化遗产的区域，还要体现国家公园必须符合国家的整体利益和长远利益，由国家主导设立。"生态重要性"是国家公园最为核心的功能，其他任何功能都必须在保护生态的基础上展开，自然生态系统所承载的自然资源、人文资源都必须完整地保存。"管理可行性"是国家公园设立的落脚点，既要能够体现国家事权、国家管理、国家立法、国家维护，又应该充分考虑到中国人多地少的现实条件，具备以较合理的成本实现有效管理的潜力，协调好利益相关者的关系，并提供国民素质教育机会，实现全民共享。

这一发言不仅总结概括了我国国家公园的准入条件，也在一定程度上反映了国家公园的基本特征，即国家性和国际性、天然性和原始性、多样性和脆弱性、生态重要性等。国家性是指国家公园是由国家规划、建设和管理，其生态系统具有国家代表性和典型性，是国家公园的基石。国际性是指国家公园"具有全球价值"，其生态系统所拥有的资源具有国际意义。天然性和原始性是指国家公园通常都是以天然形成的环境为基础，以天然景观为主要内容。多样性和脆弱性是指国家公园具有生物多样性和价值珍贵性的特征，且国家公园生态系统是一个濒危的、脆弱的生态系统。

2. 国家公园的管理机构和功能

根据以上解释和定义，国家公园应由国家投资建设和直接管理，那么，世界上各个国家的国家公园都是由国家来管理的吗？

实际上，世界各国的国家公园管理体制和管理方式并不完全相同。美国的国家公园是由内政部的公园管理局进行管理的中央集权制。德国是地方自治型，即中央政府负责政策发布、立法等层面工作，地方政府负责自然保护工作的具体开展和执行。英国是中央集权和地方自治相结合的综合管理型。澳大利亚的国家公园分为属地管理和联邦政府管理。我国的国家公园则是由国家林业和草原局（国家公园管理局）管理的。

那么，国家公园有哪些功能呢？

首先，国家公园的设立是以保护自然环境为初衷的，所以，它的首要功能就是保护自然和文化资源。其次，国家公园还可以满足国民游憩的需求和繁荣地方经济。国家公园生态环境优美独特，具有很高的观赏游憩价值，同时国家公园体制所配套的生态补偿机制可解决一定的生态环境保护与资源开发利用之间的矛盾，从而促进地方经济繁荣发展。最后，国家公园还具有学术研究和环境教育的功能。国家公园生态系统是天然的"试验地"和"实验室"，不仅是科学家进行科学研究工作的主战场，也是青少年学习自然知识的好去处。

3. 我国国家公园的发展历程

我国学术界对国家公园的关注始于 1980 年。当年，中国科学院动物研究所的汪松老师在《动物学杂志》上发表了一篇题为"哥斯达黎加的国家公园和自然保护区"的论文。文章对哥斯达黎加国家公园的基本情况进行了阐述，并对中国建设国家公园提出了一些建议和设想，对中国国家公园的建设具有启发和引导意义。自 1980 年之后，以"国家公园"为主题的论文呈逐年增加趋势，表明国内科技工作者和管理部门对国家公园的日益重视及其研究的逐步加深。截至 2022 年 5 月，以"国家公园"为主题的相关论文已经达到 2060 篇。

中国政府对国家公园建设的支持开始于 2013 年 11 月党的十八届三中全会通过的《中共中央关于全面深化改革若干重大问题的决定》。《决定》中明确提出"建立国家公园体制"，标志着中国的国家公园建设之路开启并纳入中国生态文明建设的大潮中。2014 年首次召开的"国家公园建设讨论会"明确了我国国家公园的定义：国家公园"是由政府划定和管理的保护区，以保护具有国家或国际重要意义的自然资源和人文资源及其景观为目的，兼具科研、教育、游憩和社区发展等功能，实现资源有效保护和合理利用的特定区域"。这个定义既符合 IUCN 提出的国家公园的管理目标，又充分概括了具有中国特色的国家公园应当发挥的多样化的功能。

随后，在 2015 年 9 月，中共中央、国务院印发的《生态文明体制改革总体方案》（中发〔2015〕25 号）对建立国家公园体制提出了具体要求。方案中强调："加强对重要生态系统的保护和永续利用，改革各部门分头设置自然保护区、风景名胜区、文化自然遗产、森林公园、地质公园等的体制……保护自然生态和自然文化遗产原真性、完整性。"

2016 年 3 月 5 日，我国第一个国家公园体制试点正式启动——三江源国家公园。2016 年 4 月 13 日，青海省委省政府正式启动三江源国家公园体制试点的建设。2018 年 9 月 14 日，由中国科学院、青海省政府依托中国科学院西北高原生物研究所共同建设的中国科学院三江源国家公园研究院挂牌成立。2021 年 9 月 30 日，国务院批复同意设立三江源国家公园。三江源国家公园被列入第一批国家公园名单。

2021 年 10 月 12 日，习近平总书记在《生物多样性公约》第十五次缔约方大会领导人峰会上宣布：中国正式设立三江源、大熊猫、东北虎豹、海南热带雨林、武夷山第一批国家公园。

4. 三江源国家公园

三江源国家公园是我国第一个国家公园体制试点，启动于 2016 年 3 月 5 日。它位于青藏高原腹地，青海省南部，也是我国第一批正式设立的国家公园之一。

三江源国家公园包括三个园区，分别位于长江、黄河、澜沧江的发源地，

黄河源的藏野驴群

澜沧江昂赛大峡谷

长江源头的姜根迪如冰川
以上三张图片均为连新明 拍摄

即长江源园区、黄河源园区和澜沧江源园区。长江源园区位于玉树藏族自治州曲麻莱县，总面积 9.03 万平方公里；黄河源园区位于果洛藏族自治州玛多县，总面积 1.91 万平方公里；澜沧江源园区位于玉树藏族自治州杂多县，与长江源区接壤，总面积 1.37 万平方公里。

同时，三江源国家公园还包括以前设立的可可西里国家级自然保护区和三江源国家级自然保护区的 5 个分区。可可西里国家级自然保护区位于青海省玉树藏族自治州西部，属于长江源园区；三江源国家级自然保护区索加—曲麻河保护分区属于长江源园区；三江源国家级自然保护区扎陵湖—鄂陵湖保护分区、星星海保护分区属于黄河源园区；三江源国家级自然保护区果宗木查保护分区和昂赛保护分区属于澜沧江源园区。

2021 年 10 月，三江源国家公园在完成试点的基础上，完成范围和功能分区优化，将长江正源格拉丹东和南源当曲、黄河源约古宗列等区域纳入正式设立的三江源国家公园范围，区划总面积由最初确定的 12.31 万平方公里，增加到 19.07 万平方公里，实现了三江源头的整体保护。

三江源国家公园之所以成为我国第一个国家公园体制试点，并且进入了我国第一批国家公园序列，正是因为其具有国家性和国际性、生态重要性、天然性和原始性、多样性和脆弱性等特征。

国家性体现在长江、黄河孕育了璀璨的华夏文明，而澜沧江一江通六国，惠泽了亿万中南半岛人民。而国际性则体现在"三江源"地区是中国乃至世界的生态屏障。2019 年，王宗仁在《生态屏障在哪里》一文中就明确提到了这一点。三江源地区的生态环境变化不仅严重影响着三江流域群众的生产、生活和经济发展，关系着青海省、全国的生态安全，更是影响着世界的气候。三江源所在地青藏高原阻挡了西南季风和冷空气的南下，隔断了印度洋暖湿气流的北上，致使高原形成季风稳定出现的临界高度，而这个巨大的环流季风在三江源上空涡旋，环流到遥远的地区，直接影响着亚太地区的大气环流。正如俗语所言：青藏高原天空的每一次喘息，都会让东南亚的天气变一次脸色。

生态重要性体现在三江源的中华水塔之地位。三江源地区不但有重要的水源涵养功能，而且地处青藏高原的它还具有水塔自高而低自动送水的功能。蜿

三江源地区的一些代表性动物　连新明 供图

蜓的溪流，清澈的湖泊，美丽的雪山冰川以及星罗棋布的沼泽，还有草地灌丛和森林，构成了三江源地区的生态系统，使之具有极其重要的水源涵养功能。三江源输出的水量占长江总水量的 25%，黄河总水量的 49%，澜沧江总水量的 15%。三江流域覆盖了我国 66% 的地区（含南水北调工程覆盖地区），每年可为下游的 18 个省（市、区）和 5 个周边国家提供近 600 亿立方米的优质淡水资源，养育了 6 亿多人。

三江源国家公园所处的青藏高原是经历了 6000 万年隆升才形成的，三江源内大量的石炭纪蜓类动物群化石是三江源国家公园原始性的见证。国家公园内生态资源丰富，无论是草地、湿地、森林、河流，还是湖泊、雪山、冰川，均为大自然所造，保存了大面积原真的原始风貌。而这正是三江源国家公园的天然性和原始性所在。

三江源国家公园的多样性和脆弱性主要体现在它是高寒生物自然种质资源库，是珍贵的种质资源和高原基因库，所孕育的特有高寒生物物种，是全人类的动植物及自然种质资源库的瑰宝，具有重要的生物多样性价值。

五、中国科学院三江源国家公园研究院

1. 中国科学院三江源国家公园研究院的诞生

中国科学院三江源国家公园研究院是中国科学院下属的一个研究院，顾名思义，是研究三江源国家公园的科学顾问和智囊团。

2016 年，随着三江源国家公园试点的运行，国家公园建设在基础研究、技术创新、模式集成等方面缺乏系统的科学研究，体制机制研究也面临一系列实践与管理问题，急需科学理论和关键技术的支撑。基于以上问题和需求，中国科学院西北高原生物研究所赵新全研究员有了成立三江源国家公园研究院的构想，并得到了中国科学院和青海省人民政府的认可和支持。2018 年 9 月 14 日，在中国科学院、三江源国家公园管理局和青海省科学技术厅的支持下，中国科学院三江源国家公园研究院正式建立。研究院依托中国科学院西北高原生

物研究所而建，按照"一个机构、两块牌子"的方式运行。赵新全任研究院学术院长，并成立了由中科院院士为主的研究院学术委员会。

那么赵新全研究员到底捕捉到了三江源国家公园的哪些科学问题，三江源国家公园研究院的使命和目标是什么？研究院成立至今到底完成了哪些科学研究工作呢？

2. 研究院的使命与目标是什么？

作为因国家公园建设急需科学理论和关键技术的支撑应运而生的研究院，其使命在于，针对我国西部国家公园建设中存在的特殊区域生态环境如何保护、人与自然如何和谐共生以及如何实现可持续发展等科技问题，重点开展生物多样性保护与生物资源利用、生态系统功能变化与可持续管理、环境变化与水资源效应、生态环境监测与大数据平台建设、体制机制与管理等研究，运用生物学、生态学、资源环境科学、文化生态学和管理学知识，打造国家级的国家公园科技创新平台和专业人才培养基地，为国家公园的科学化、精准化、智慧化建设与管理提供科学支撑，引领国家公园的重要研究方向，为我国国家公园建设与管理体系的建立提供借鉴与示范。

研究院的目标在于以三江源国家公园的科学问题及需求为导向，搭建三江源国家公园研究平台，以现有西北高原生物研究所全部力量为基础，联合国内外相关研究机构，开展生物多样性保护、"山水林田湖草"生态系统功能与过程、生态环境承载力、生物资源可持续利用、生态游憩与环境教育及管理体制机制等方面研究，从基础研究、技术突破、模式集成、生态监测、体制机制等方面开展全链条设计，为三江源国家公园建设提供科技支撑。培养学科领军人才，联合培养研究生，联合申请博士后流动站，设立研究生培养基地。通过10年努力，成为我国国家公园理论的发源地、国家公园各研究领域的引领者、国家公园创新研究的实践者以及国家公园高级人才的培养基地。

3. 研究院开展的工作

自 2018 年成立以来，研究院围绕使命和目标，开展了一系列的工作，涉及科学研究、参与政府决策以及科普宣传等方面。

（1）开展三江源国家公园的科学研究

①生物多样性保护及调查工作

开展三江源国家公园内动植物资源调查工作。调查发现国家公园内藏羚、藏原羚、藏野驴、野牦牛和白唇鹿分别约为 6 万、6 万、3.6 万、1 万和 1 万头（只）。藏羚的濒危级别从"濒危"降为"近危"，雪豹的濒危级别从"濒危"降为"易危"，藏羚和雪豹的种群恢复得到了 IUCN 的认可。

利用卫星遥感资料监测大型野生动物种群数量实现了方法学突破，为全区域、无死角监测野生动物奠定了基础。监测发现国家公园核心保育区内（2.3 万平方公里）藏羚、藏原羚和藏野驴数量分别为 3.7 万、3.4 万和 1.7 万头（只），均高于地面样带监测的种群密度。

②研究三江源地区的生态功能

关注三江源国家公园植被分布的面积、生产力和覆盖度，可可西里无人区近 20 年植被生产力等。研究发现，三江源地区平均水源涵养量、土壤保持量和防风固沙量分别为 7.42 万立方米 / 公顷、28.40 吨 / 公顷和 22.44 吨 / 公顷，均呈现增加趋势。近 20 年三江源地区生态系统净初级生产力持续增加，每年约固碳 840 万吨。

③研究物种适应机理

完成了三江源地区雪豹、藏野驴、白唇鹿、野牦牛、岩羊、藏原羚等代表性动物高质量参考基因组测序和组装，搭建了三江源有蹄类动物基因数据库。发现藏野驴和野牦牛肠道微生物多样性较高且稳定功能较好，并且正是因为此原因，藏野驴比家驴具有更高的牧草干物质消化能力，野牦牛比家牦牛体积更大。

（2）为政府决策提供科学依据

除开展上述科学问题的研究工作以外，研究院还撰写了各种咨询报告。如《三江源国家公园生态保护成效、问题及建议》《2018—2019 年冬春雪灾对三江源地区草地畜牧业影响的遥感监测评估及加强雪灾应对能力建设的对策建议》《三江源国家公园野生动物与家畜争食草场问题及补偿试点建议》《青海省可可西里卓乃湖退水沙化生态环境效应考察报告》《重视自然公园建设，完善自然保护地体系，推动生态保护和民生提升平行发展》《新时期草地多功能目标管理几点建议》等。这些报告有些得到了国家、科技部、自然资源部以及地方领导批示，有些被中共中央办公厅采纳。

（3）致力于三江源国家公园科普工作

三江源国家公园研究院除了开展上述工作外，还利用 VR（虚拟现实）、AR（增强现实）等技术研发国家公园三维动植物数字标本等产品，建设国家公园云端博物馆，实现国家公园生态体验、环境教育、科普旅游等功能，为国家公园生态产品的价值实现、绿水青山向金山银山转变提供新的实现路径。研发的数字三江源国家公园环境教育和体验平台接待青海省、中科院领导、专家学者观摩 400 余人次，旗舰物种的三维 AR 模型等产品和系统应用推广至青海省自然资源博物馆、三江源国家公园管理局。与中央广播电视总台等中央媒体合作，积极宣传科考成果及科学家精神，完成《开讲啦》《生物多样性保护，中国在行动》节目，《生物多样性公约》缔约方大会第十五次会议

赵新全老师（右三）一行考察三江源"黑土滩"治理效果

地点：果洛州玛沁县　2016 年 7 月　　　周华坤 供图

期间在央视科教频道播出，介绍了三江源国家公园生态保护成效，取得了良好效果。

本章参考文献

高吉喜，徐梦佳，邹长新.中国自然保护地70年发展历程与成效［J］.中国环境管理，2019，11（04）：25-29.

耿松涛，唐洁，杜彦君.中国国家公园发展的内在逻辑与路径选择［J］.学习与探索，2021（05）：134-142+2.

黄国勤.国家公园的内涵与基本特征［J］.生态科学，2021，40（03）：253-258.

李永雄，陈明仪，陈俊.试论中国公园的分类与发展趋势［J］.中国园林，1996，12（03）：30-32.

罗伯特·鲍勃·柯特.国家公园概念之演进：过去，现在以及未来［J］.林业建设，2018（05）：27-37.

青海国家公园建设研究课题组.青海国家公园建设研究［M］.成都：四川大学出版社，2018.

苏德辰，陈锐，丁弘，等.高山仰止三江源——记三江源国家公园［J］.自然资源科普与文化，2022（01）：26-31.

汪松.哥斯达黎加的国家公园和自然保护区［J］.动物学杂志，1980，15（01）：49-50.

王宗仁.生态屏障在哪里［J］.青海湖，2019（02）：120-123.

蔚东英，张强，张景元，等.三江源国家公园——世界的三江源［J］.森林与人类，2021（11）：24-47+6-7.

雍怡.心随星海皈自然［M］.北京：商务印书馆，2020.

曾以禹，王丽，郭晔，等.澳大利亚国家公园管理现状及启示［J］.世界林业研究，2019，32（04）：92-96.

翟洪波.建立中国国家公园体制的思考［J］.林产工业，2014，41（06）：11-16.

张琲旎.新时代背景下城市公园改造与更新研究［D］.重庆大学，2019.

张天宇，乌恩.澳大利亚国家公园管理及启示［J］.林业经济，2019，41（08）：20-24+29.

郑士良.中国最早的公园是何时建成的［J］.小读者，2011（05）：52.

朱永杰.国家公园的前世今生［J］.中国林业产业，2018（07）：156-160.

第二章　草地生病了怎么治？

周华坤　马丽　张中华　李宏林

对于大多数人来说，草地、草原和草甸是很难分清且易混淆的概念。在地理学、生态学、植被科学和农业科学中，草地、草原和草甸都是广泛使用的科学名词。什么是草地？什么是草原？什么是草甸？不同学科背景的人都可能有自己的解释。通俗来讲，草地主要指地上长有草的地方，包括人工的和天然的，是草原、草甸等不同草地类型的泛称或统称，也是区别于森林、湖泊、河流、沼泽等陆地景观类型的一种，面积可大可小，而草原一般指大面积的天然草地。因此，草地的范畴比较广泛，包括草原和草甸。

那么草原和草甸又有什么区别呢？草原是以旱生草本植物占优势的地带性植被，可出现在不同植被带内。草甸是在适中的水分条件下发育起来的以多年生草本植物为主体的植被类型，一般的草甸属于非地带性植被。例如，中国十大最美草原之一的内蒙古呼伦贝尔大草原和中国十大最美草甸之一的江西武功山草甸就是典型的草原和草甸景观。草原和草甸的区别可以用这3点来简单概括：

（1）大小不同。草甸面积相对较小，草原面积较大。

（2）植物不同。草甸属于非地带性植被，可出现在不同植被带内；而草原以旱生草本植物占优势，是半湿润和半干旱气候条件下的地带性植被。

（3）干湿不同。草甸较湿，草原相对较干。

依水热条件的不同，草原又可划分为荒漠草原、典型草原、草甸草原；按生境条件的不同，草甸又可以分为典型草甸、低地草甸、高山草甸。

一、什么是高寒草甸

　　高寒草甸和高山草甸，主要区别在于气候。高山是相对于当地地形而言，例如，新疆地区气候干旱，气温高，就算海拔上升到一定程度，气温也不一定会太低，所以形成的草甸带叫高山草甸。而青藏高原属于高原山地气候，气候寒冷，已具有高寒的特征，在此基础上海拔再升高，形成的草甸带就是高寒草甸。

　　高寒草甸，顾名思义"高"和"寒"代表了这种草地类型分布的环境特点。高寒草甸是亚洲中部高山及青藏高原隆起后所引起的寒冷湿润气候的产物，广泛分布于青藏高原东部和东南缘的高山以及祁连山、天山和帕米尔等亚洲中部高山地区，是青藏高原及周边高山地区具有水平地带性和山地垂直地带性特征的独特植被类型。

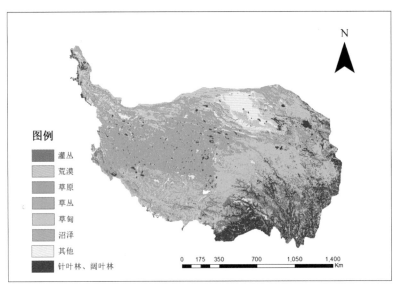

青藏高原植被类型分布图

　　高寒草甸主要以林线以上、高山冰雪带以下的高山带草地为主，该类地区气候寒冷、潮湿，土壤以高山草甸土为主。耐寒的多年生植物得以充分生长发育，有的是地上芽植物，有的是地下芽植物，建群层主要是适应高原和高山寒冷气候的低草型、多年生、丛生短根茎嵩草、根茎薹草和轴根杂类草等。其中，以莎草科嵩草属植物为典型代表，主要有高山嵩草（*Kobresia pygmaea*）、矮嵩草（*K. humilis*）、线叶嵩草（*K. capillifolia*）、短轴嵩草（*K. vidua*）、喜马拉雅嵩草（*K. royleana*）、藏嵩草（*K. tibetica*）等建群种。高寒草甸草层低矮、结构简单，层次分化不明显，不同于我国低海拔地区广泛分布的隐域性草甸植被，是青藏高原最为主要的植被类型。

1. 青藏高原高山草甸的主要类型

草甸植被类型的分布与土壤水分和温度密切相关。对于同一地区不同小尺度范围的地形来说，由于区域环境条件限制及土壤类型分布的复杂多样，也可以造就适应寒冷湿润气候的多年生草本植物群落差异以及不同的高寒草甸植被类型。在土壤湿度适中的平缓滩地和山地阳坡多以矮嵩草草甸为主；在土壤湿

矮嵩草草甸

金露梅灌丛草甸

高山嵩草草甸

藏嵩草沼泽草甸

不同的草甸植被类型　　　　马丽 周华坤 佘延娣 摄

度较高的山地阴坡和滩地多为金露梅（*Potentilla fruticosa*）灌丛草甸；在土壤湿度较低的山地阳坡多为高山嵩草草甸；在高山冻土集中分布的地势低洼、地形平缓、排水不畅、土壤潮湿、通透性差的河畔、湖滨、山间盆地以及坡麓潜水溢出和高山冰雪下缘等低洼的潮湿地带则以藏嵩草沼泽草甸为主。

2. 形成高寒草地的生态条件

地形和气候是影响植物生长发育至关重要的生态条件，高寒草甸的发育和分布离不开青藏高原这个大温床。

青藏高原高山大川密布，地势险峻多变，地形复杂，其平均海拔远远超过同纬度周边地区，且各处高山参差不齐，落差极大。海拔 4000 米以上的地区占青海全省面积的 60.93%，占西藏全区面积的 86.1%。由于海拔高，青藏高原的空气比较干燥、稀薄，太阳辐射强烈，气温比较低且昼夜温差大。冬季干冷漫长，大风多；夏季温凉多雨，冰雹多。受大气环流和高原地势格局的制约，青藏高原形成了特有的水热状况与地域组合的地理单元，呈现出从东南温暖湿润到西北寒冷干燥变化的特点。独特的自然环境及形成的"青藏高压"迫使大气环流形成特殊的西风环流和南北分流形势，影响着我国乃至亚洲的大气环流。高寒草甸就是在青藏高原隆起、气候严寒的影响下，与恶劣环境条件相互作用、长期演化的产物，成为青藏高原广泛分布的地带性植被类型。

二、草地生病的表现形式

草地退化是草地生态系统的结构特征、能量与物质循环等功能过程的恶化，主要表现在草地的生态功能下降（如生物多样性、土壤养分、水源涵养能力等）和生态系统其他服务功能减退（如草地质量、旅游欣赏价值等）。草地退化往往表现为多个病状，同时又伴随多个并发症，从而导致草地生态环境恶化、草畜矛盾激化。中国是世界上草地退化较为严重的国家之一，尤其是近几十年来，在全球气候变化及人类活动加剧的双重影响下，青藏高原高寒草甸的生态环境、生态功能及系统稳定性处于不断恶化的状态，草地退化严重。那么,草地退化的表现形式主要有哪些呢?

1. 植物群落结构的单一

天然草地在过去几十年中,由于气候变化和人类活动的长期干扰,导致牛羊喜食的牧草比例和草地质量降低,引起大量"毒杂草"滋生蔓延,植物群落结构变得单一。草地"毒杂草"作为草原退化的第二大严重灾害,被称为草地的"绿色杀手",严重威胁着草地生态系统的平衡。在大多数人眼中,植物长势旺盛,草地覆盖度极高,铺满狼毒(*Stellera chamaejasme*)和甘肃马先蒿(*Pedicularis kansuensis*)的草地,很容易被看作是一片健康的草地,但事实并非如此,这两种植物的出现均与草地退化密切相关。

(1)狼毒型退化草地

狼毒粉红色美丽的花朵背后,却是狼毒草饱含的毒液。千百年来,高原上的人们很少有人去碰狼毒草,并因为它的毒性而给它取了这么一个名字。狼毒,俗称瑞香狼毒、馒头花、断肠草等,隶属于瑞香科(Thymelaeaceae)狼毒属,多生长于海拔 2600~4200 米的干燥且向阳的高山草坡、草坪或河滩台地,为多年生草本植物,在草地植物群落中常为伴生种,在重度退化的草地上则为优势种或建群种,是退化草地中的典型"毒杂草"之一。

狼毒具有又粗又长的根系,能适应极端干旱和寒冷环境,成为高寒草甸和荒漠草原的优势植物。其光鲜亮丽的外表下隐藏着多种有毒物质,其自身合成的多种代谢物,尤其是黄酮类化合物,对牛羊和昆虫具有毒害作用,导致草食家畜对其避而远之,从而达到保护自己的目的。近年来,由于过度放牧,以狼毒为代表的"毒杂草"在天然草地中迅速繁殖和扩散,常由伴生植物逐渐演变成优势植物,并因此被认为是草地退化的指示物种。一方面,狼毒花根系粗大,吸收土壤中营养物质的能力强,凭借快速的繁殖能力和家畜对其的拒食行为,在退化草地中大面积滋生蔓延,最终形成以狼毒为优势植物的毒草型退化草地。另一方面,全球气候暖化、牛羊数量持续过高和啮齿动物破坏等因素的综合作用,导致牛羊喜食的优良牧草大面积减少,给狼毒的入侵和蔓延提供了可乘之机,使其迅速成为退化草地的主要优势物种,对草地畜牧业发展和草原生态系统平衡造成严重威胁。

狼毒型退化草地　　马丽 摄

（2）甘肃马先蒿型退化草地

　　甘肃马先蒿具有强大的种子繁殖能力和成片分布的特点，隶属于列当科（Orobanchaceae）马先蒿属，在青海省各地广泛分布，主要生长在海拔2700~3700米的草地，多为一年生，少数为二年生草本植物，是高寒退化草地"毒杂草"阶段的典型代表性植物之一。

甘肃马先蒿型退化草地　　苏洪烨 摄

在重度退化阶段，草地原生植被盖度会显著下降，而伴生的"毒杂草"则乘机入侵，成为中度退化草地向重度退化草地演替阶段的先锋植物，甘肃马先蒿就是其中的典型代表。它凭借强大的种子生产能力、土壤种子库的持久性和牛羊的低采食率，在退化草地中呈"斑块"状集群分布，成为青藏高原高寒草地重度退化阶段主要滋生的"毒杂草"种类。此外，甘肃马先蒿具有根部寄生的特点，禾本科和豆科植物是其主要寄生对象，通过根部寄生吸取禾本科植物的光合作用产物，从而提高对恶劣土壤环境的适应能力，进而在与禾本科植物的竞争中胜出。禾本科植物则由于养分持续流失和牛羊对其高强度的采食活动，导致其生存条件变差，加剧草地退化进程。

2. 土壤结构和功能的退化

草地退化不仅表示"草"的退化，也包括"地"的退化。随着地表植被的减少，土壤中营养元素逐渐流失，导致土壤含水量下降，造成表层土壤干旱，生态系统稳定性降低，使得高寒草甸出现"斑块状"退化，而"黑土滩"就是高寒草甸严重退化后的一种典型表现。"黑土滩"是指黑色的土壤滩地吗？答案显然不是。"黑土滩"是重度退化草地的一种景观，并非指土壤分类学上的黑土、黑钙土等概念，而是指草原、草甸、灌丛等退化后形成的大面积裸地和"秃斑地"。

"黑土滩"型退化草地 周华坤 摄

草地"黑土滩"退化景观由来已久，是多种因素共同作用形成的草地灾害。三江源地区大面积"黑土滩"的出现和扩张最为严重。"黑土滩"的形成过程主要是由于牛羊的过度放牧和踩踏、鼠类的挖掘活动，并在风蚀和雨水侵蚀综合影响下，草皮经过冻融作用逐渐剥离导致土壤裸露，出现严重的局部水土流失，引起土壤养分丢失，土壤肥力不断降低，从而形成了常见的斑块化景观。秃斑块的出现是"黑土滩"退化草地形成的重要特征，秃斑块逐渐扩大，最终形成"黑土滩"，继而成为当地"黑尘暴"的沙尘源。

3. 鼠害的增加

（1）鼠害的危害

鼠类是草原生态系统中的野生食草动物类群之一，具有繁殖次数多，孕期短，产崽率高，性成熟快，数量能在短期内急剧增加的特点，环境适应能力很强。它们是草原生态系统食物链的重要环节，属于初级消费者，食物来源主要为牧草。当鼠类的种群数量增长超过一定的限度时，由于其采食量超过植物的生产量，便会对草原生态系统造成破坏，即鼠害。在我国，包括青海、宁夏、甘肃、西藏、新疆、内蒙古和四川等在内的 13 个省（自治区）存在草地鼠害情况，尤其以青海省三江源地区最为严重。近年来青藏高原鼠害面积持续增加，鼠洞随处可见。例如，三江源地区 50% 以上的"黑土滩"发生与鼠害有关。草地鼠害已成为制约青藏高原草牧业经济发展和环境保护的重要问题。

三江源地区的鼠洞　　曲家鹏 摄

引发草地鼠害的"鼠类"大致可以分为三种：兔形目的高原鼠兔（*Ochotona curzoniae*）、啮齿目的高原鼢鼠（*Myospalax baileyi*）和青海田鼠（*Lasiopodomys fuscus*）。虽然在生物分类学上，高原鼠兔属于兔形目，并不属于真正的鼠类，但在草地鼠害研究中通常将其作为鼠类看待。这三种"鼠类"中，高原鼠兔和高原鼢鼠的危害较为严重，鼢鼠主要取食植物的地下部分，而鼠兔主要取食植物的地上部分，两种"鼠类"的生态位不重叠，加上其挖掘活动导致高寒草甸草皮下大量新鲜土壤被推至草地表面，改变了草地植被盖度和土壤结构。鼠害的肆虐主要是由于过度放牧，打破了害鼠生活环境的平衡，导致害鼠大量繁殖，进一步导致草地质量下降，植被覆盖度降低，土壤沙化，向"黑土滩"转变。而该过程又加重了鼠害，形成了一个恶性循环。

（2）高原鼠兔是不是让草地生病了？

高原鼠兔其实是高寒草甸生态系统的"大功臣"，是高原上的"建筑师"，对高寒草甸生态系统发挥着重要的生态功能。它构建的洞穴为许多小型鸟类、爬行动物等提供了隐蔽、栖居和营巢繁殖的条件。同时，高原鼠兔也是食肉动物（如香鼬、艾鼬、兔狲、赤狐、狼、棕熊、雪豹、猎隼、红隼、雕鸮、金雕、秃鹫、苍鹰、黑鸢等）的食物来源之一。鼠兔不冬眠，因此其在冬天几乎成为各类捕食者最主要的食物来源。

在一个健康的草甸生态系统中，高原鼠兔的洞道及土丘的存在可以丰富环境条件，改变景观格局，从而使植物的种类增加。高原鼠兔的挖洞行为可以让土壤反复利用，从而增加地表上下的生物量和湿度，进而改变土壤理化性质，有助于营养物质的循环，促进生态系统的动态衍变。高原鼠兔的觅食行为有利于种子的传播，其对有毒双子叶植物的选择性觅食也会阻止"毒草"扩散并提高牧草质量。所以说，在某种意义上，高原鼠兔的存在是高寒草甸生态系统健康发展和保护生物多样性的重要因素。

在未退化的草地中，由于植物群落较高，不利于高原鼠兔发现捕食者，所以其存活率不高，数量较少，因此也不存在鼠害一说。但由于过度放牧，导致草地持续退化，高草草甸逐步演替为低草草甸，并伴生了很多高原鼠兔喜食的杂草，由此打破了原有的生态平衡，形成了高原鼠兔种群暴发的外在条件。随着高原鼠兔种群的暴发，原本在健康草甸生态系统中可以发挥重要益处的行为，在退化草甸生态系统中就变成了破坏性很高的行为。高原鼠兔的挖掘活动会破坏土壤结构，加速草皮滑塌，造成水土流失，挖出的土壤也会覆盖地表植物导致其死亡，从而导致草场进一步退化，形成了"过度放牧—草场退化—鼠害发生—鼠类挖掘啃食草地—草场退化加剧"的恶性循环。因此，客观地说，鼠害是草地退化过程中的伴生产物，高原鼠兔种群的暴发不是草地退化的原因，而是草地退化的结果和继续退化的加速器，退化的根本原因是人类长期的过度放牧。因此，高原鼠兔应被视为草地退化的指示种，而不是"罪魁祸首"。

三、草地退化原因有哪些

草地退化的原因有自然原因，如长期干旱、风蚀、水蚀、沙尘暴等，也有人为因素，如过度放牧、滥垦、开矿等。由于长期不合理甚至掠夺式的利用，草地不断被带走大量的物质而得不到补偿，长期入不敷出，违背了生态系统中能量和物质流转平衡的基本原则，因而导致了生态系统功能的紊乱、失调和衰退，使草地的生态与生产功能不断下降。如果这种衰退不断积累，超出生态系统所能承载和恢复的阈值，最终便会导致草地生态系统完全丧失物质再生产能力。

目前，对退化高寒草地的形成原因和机制，科学界仍然存在一定的争论，主要有两种观点。一是综合因素说，认为退化草地"黑土滩"的形成一般出现在植被稀疏的过度放牧地段或者是土质疏松的鼠害地段，主要原因是风蚀和水蚀引起的冻融剥离。二是气候旱化说，持这种观点的科学家认为，全球气温升高导致的荒漠化，是草地退化并出现大量"黑土滩"的主要原因。

高寒草地的退化是自然因素之间、自然因素与人为因素之间综合作用的结果，很难截然分开。目前，科学家们较为统一的认识是，由于全球气候变暖、放牧强度较高和虫鼠害等因素的综合作用，青藏高原高寒草甸呈大面积退化态势。其中，人类活动和气候变化是导致草地退化、区域生态环境恶化的两大因素，虫鼠害对它们产生的影响有促进作用。

1. 气候变化

以气温升高为主要特征的全球气候变化对陆地生态系统结构和功能已经产生了深刻的影响。位于青藏高原腹地的三江源地区作为气候变化的"敏感区"和生态环境的"脆弱区"，近年来气候条件发生了显著变化，势必影响高寒草地的生长和分布，是造成草地退化的主要原因之一。

（1）气候暖干化

气候变暖使高寒草地植被生长更早、更快，"最适生长期"时间提前，不能有效完成生育周期，导致产草量下降、草层矮化、草畜矛盾加剧，从而为草地退化演替提供了条件。这种气候变化态势对广泛分布于该地区的高寒草甸植被的生长极为不利。气温升高，尤其是夏季气温升高使蒸发作用增强，将造成该类型植被因干旱而出现退化。

（2）冻融作用

暖干化的气候变化趋势也会影响该区域的冻土分布，导致多年冻土退化，使植物根系层土壤水分减少，土壤干燥，沼泽疏干；冻土层的上界下降为虫和鼠的越冬生存提供了温床，加速了虫鼠害的形成与发生，并使土壤结构养分发生变化，从而使高寒草甸、沼泽化草甸植被退化，优势植物种群发生改变，草地大面积退化。

冰川冻土景观　　常涛 摄

（3）风蚀作用

青藏高原平均海拔高，风很大，土壤的风蚀作用一般很明显，特别是寒冷季节。三江源地区是青海省大风日数最多的地区之一，以冬春季节刮大风最多，大风使飞扬的沙土掩埋低洼草地，同时刮走草地的表层土，使牧草根系裸露，造成了严重的土壤风蚀，从而加剧了草地退化、沙化的进程。因此，风蚀作用也是形成"黑土滩"退化草地的主要气象因素。

2. 超载过牧

牲畜数量的增加引起的过度放牧是导致高寒草地生态系统退化的主要人为原因。草场超载放牧，严重破坏了原生优良牧草的生长发育规律，使它们的优势地位逐渐丧失，导致土壤、植物群落结构变化，为高原鼠兔和高原鼢鼠的泛滥提供了条件，进一步加剧了草地退化。同时由于牲畜过度啃食和践踏草皮，加速了土壤中养分循环失调，导致土壤贫瘠且呈现严重退化态势。

青藏高原冬春草场的过度放牧　　马丽 摄

由于草畜矛盾尖锐，牛羊数量一直超过草地承载能力，草地不断退化，牲畜数量也随之不断下降，进入了"超载过牧—草地退化—草畜矛盾加剧—生态环境恶化"的恶性循环，严重影响了牧民生活和三江源地区的畜牧业经济的健康发展。草地退化后，植被盖度下降、生物量减少、涵养水源和保持水土的能力下降，易导致土地沙化和湖泊干枯。

3. 滥采乱挖

在造成草场破坏的人为因素中，除了过度利用天然草地外，对天然草地实施过度采挖和滥垦滥挖也是造成青藏高原高寒草地退化的原因之一。例如，三江源地区有丰富的藏药资源，采挖药材是一种普遍的经济活动，由于虫草、大黄等中草药的广泛采集，加之缺乏有序管理，在三江源地区的很多地方都出现了草地被严重破坏的情况，这也为高原鼠兔的入侵提供了便利条件。加上大规模开山修路、滥垦滥挖等人为活动的加剧，天然草地被破坏得千疮百孔，极易受到风蚀水蚀作用，从而加剧草地退化、土壤沙化和水土流失，破坏了本来就较为脆弱的高寒草甸生态系统的平衡。

4. 鼠虫危害

"鼠类"的破坏是青藏高原高寒草地退化的重要原因，该地区的"鼠类"以高原鼠兔数量最多，分布最为广泛，它也是先侵入退化草地的"鼠类"。

尽管每年秋季和春季地方政府都进行大面积灭鼠，但是"鼠类"赖以生存的环境条件没有改变，因此灭鼠后第二年，其种群数量又恢复起来，甚至超过灭鼠前的数量。此外，藏族居民"不杀生"的宗教信条，对灭鼠所持的消极抵制态度，以及人类活动造成的鼠类天敌减少也是鼠害猖獗的原因。例如，三江源地区绝大部分高寒草甸的退化都不同程度上与鼠害有关，过度放牧引起的草地退化，若没有叠加鼠害破坏，一般不容易演变为裸土地。

虫害最喜食优良牧草，它们的发生与气象、食物和天敌因素均有关系。被蚕食过的牧草逐渐枯萎或死亡，毒杂草乘机蔓延，使得草场植物群落发生退化。草原毛虫是高寒草甸的主要害虫类群，其中门源草原毛虫（*Gynaephora*

门源草原毛虫　　周华坤 摄

menyuanensis）是该地区高寒草甸的主要害虫。草原毛虫不仅过量取食优良牧草，引起牧草减产，造成家畜食物短缺，而且改变植物群落结构，加速草地退化。此外，草原毛虫的蜕皮、茧壳还会引发家畜口膜炎症，甚至导致家畜死亡，造成严重的经济损失，是影响高寒草地生态系统健康的重要因素之一。

四、怎样恢复退化的草地

生态恢复是促进退化草地生态系统可持续发展的重要途径，恢复的方法取决于草地退化的程度。首先需要我们对尚未退化的草地进行合理的生态系统管理，根据不同的土地类型制定不同的放牧利用政策，控制草地载畜量，实行草地的合理放牧管理。对于轻度退化的草地，应及时排除导致草地退化的因素，并进行适当的草地封育管理，使其自然恢复。对于严重退化的草地，自然恢复比较困难，可以通过人工辅助和干预进行恢复。在恢复实践中我们应该倡导遵循自然规律，了解恢复区域周边草地群落的组成、结构及土壤条件，以施肥、人工补播和草地建植、灭鼠等为辅助手段，开展可持续生态恢复治理。

1. 围栏封育

过度放牧是导致天然草地退化的主要人为原因，而围栏封育可以有效地降低食草动物对草地的啃食压力，有利于草地生态系统稳定及生产力的自然恢复。即在一定时间内，以围栏等设施将草地保护起来，不加利用，使牧草恢复生长，以利种子成熟，加强繁殖能力，改善草地植被，提高其产量和质量。通过草地封育"休养生息"的手段，使刚出现退化现象的草地逐渐实现自然恢复。这一措施也称为封山育草、封滩育草、封坡育草等，适用于大面积的天然草地，尤其是高寒草地、荒漠、半荒漠和干旱草原区。

围栏封育　　周华坤 摄

2. 草地补播

草地补播是在不破坏或少破坏原有植被的情况下，播种一些适应性强、有价值的优良牧草种子，以便增加草地的植物种类成分和草地的覆盖度，提高优良牧草的产量和品质，提升退化草地生产力和物种多样性。草地补播是更新、复壮草群的有效措施之一，比较适合中度退化草地的恢复。

禾本科和豆科牧草混播　　周华坤 摄

3. 因地制宜施肥

施肥是将肥料施于土壤中或喷洒在植物上，提供植物所需养分，并保持和提高土壤肥力的一种农业技术措施。施肥的主要目的是增加作物产量，改善作物品质，培肥地力以及提高经济效益。因此，合理和科学配比施肥是退化高寒草甸土壤和植被可持续性恢复的主要手段之一。草地退化过程中草地生态系统的能量平衡被破坏，草地的营养输出大于输入，我们可以通过施肥，改善土壤养分状况，直接供给退化草地植被所需营养，大幅度提高牧草产量，恢复其生态功能，达到恢复退化高寒草地植被的目的。

4. 毒杂草的防除

土壤退化首先是肥力的下降，牧草失去了赖以成长的物质基础，在与毒杂草竞争营养资源过程中处于劣势，造成草地上毒杂草蔓延。同时，毒杂草比例增加，其对土壤环境的局部改造也影响了牧草的生长，形成了一个草地退化的恶性循环，影响着退化草地的恢复治理。例如，狼毒、甘肃马先蒿、铁棒锤（*Aconitum pendulum*）、细叶亚菊（*Ajania tenuifolia*）、昆仑蒿（*Artemisia nanschanica*）、黄帚橐吾（*Ligularia virgaurea*）、青海刺参（*Morina kokonorica*）、黄花棘豆（*Oxytropis ochrocephala*）、钝裂银莲花（*Anemone obtusiloba*）、白苞筋骨草（*Ajuga lupulina*）、乳白香青（*Anaphalis lactea*）、矮火绒草（*Leontopodium nanum*）等是三江源地区退化草地中主要的毒杂草种类，加强这些毒杂草的有效防控是草地退化治理中的关键措施。

毒杂草的防除措施有人工除杂、机械除杂和化学除杂三大类。人工除杂主要通过手工拔除杂草和使用简单农具清除杂草。机械除杂使用畜力或机械动力牵引的除杂草机具，一般在作物播种前或采用条播种植的苗期进行机械覆土，以控制杂草的发生与危害。化学除杂根据作用方式不同，除草剂可分为选择性除草剂（在一定环境条件与用量范围内，能够有效地防治某一种或某一类杂草，而不伤害作物）和灭生性除草剂（对植物缺乏选择性或选择性小的除草剂。此类除草剂主要用于人工草地建植前的草地植被灭杀或地段性成片恶性毒杂草的防除)。

5.虫鼠害防治

草原害鼠的预防与防治是草地治理的重要任务。草地虫鼠害是三江源地区草地退化的原因之一,应充分利用乡、县、州各级虫鼠害预测预报体系,及时准确地掌握虫鼠害的发生数量和发展动态,测报灾情,从而进行有效防治。在防治中,坚持用生物防治法灭鼠灭虫,根据危害程度、面积和种类,制订详细计划,达到防治目标。通过对草地因地制宜施肥、灌溉、补播和灭杂等改良措施,控制、改造、破坏有利于鼠类生存的生活环境和条件,不给虫鼠害的大发生提供栖息地环境,从而促进草地的良性发展,达到综合防治草地虫鼠害的目的。

季节性灭鼠(上图:夏季灭鼠,下图:冬季灭鼠) 常涛 摄

6. 人工草地建植

人工草地建植已经普遍应用于退化严重的高寒草甸（如"黑土滩"）的恢复治理中，其优点是可以快速增加退化草甸的植被盖度，有效减轻天然草地的放牧强度，这种"以地养地"的模式，是解决草畜矛盾的重要措施。发展人工草地，首先选择适应高寒气候、产量高、牲畜喜食的物种，可制作干草，也可以直接放牧利用。目前应用于退化高寒草甸的播种植物主要包括垂穗披碱草（*Elymus nutans*）、阿洼早熟禾（*Poa araratica*）、中华羊茅（*Festuca sinensis*）、老芒麦（*Elymus sibiricus*）等优质禾本科牧草，这些植物可以弥补天然草地的不足，解决因季节变化造成草畜供求不平衡的矛盾，是极度退化草地恢复的主要措施。

7. 可持续综合治理模式

高寒草甸的初级生产者、消费者、分解者和非生命环境构成了高寒草甸生态系统，系统内各组分之间存在着既相互协调又相互制约的关系，通过能量转换、物质循环和信息传递把它们紧密地联系在一起。草地退化只是生态系统结构和功能失调、系统退化的一种表观现象。因此治理草地退化应站在生态系统的高度，调整系统内各组分的结构以及它们之间的相互关系，促使系统向可持续恢复方向健康发展。

青藏高原高寒草甸退化的主要原因是放牧活动引起的草地过度利用。家畜频繁、强烈地采食优良牧草，抑制了它们的生长和繁殖，使优良牧草在植物群落竞争中处于劣势，逐渐由优势种转化为伴生种甚至消失，毒杂草泛滥。植物群落结构的改变为高原鼠兔等小型食草动物营造了适宜的生存、繁衍条件，滋生了鼠害。害鼠除了采食牧草外，还掘土打洞破坏土壤结构和植物根系，进而影响到分解者的结构和功能及土壤的侵蚀退化，加速了生态系统的退化。因此，单纯恢复植被或灭鼠只是治标，从源头上控制草地放牧利用强度，辅以灭鼠、植被恢复等人工干预措施，加快系统结构的调整，综合系统治理才是实现退化草地可持续恢复的有效措施。

此外，我们需要根据草地退化的程度选择有针对性的恢复措施及组合，才能取得明显的治理成效。在严重退化的草地上，通过补播草种、施肥及对鼠害和杂草的控制等措施建设人工草地，促使重度退化草地恢复到中度退化草地。通过鼠害控制、补播、施肥、围栏、减轻放牧强度等措施进一步使中度退化草地恢复到轻度退化草地。简单的一些措施，如围栏和减轻放牧强度，以天然草地的自我修复为主将进一步使轻度退化草地恢复到未退化状态。因此，青藏高原退化高寒草地的治理应该采用包括人工草地种植、天然草地改良、鼠虫害防治、天然草地季节性封育、退化草地的适应性修复等不同组合的恢复措施，将高寒草地适度放牧和家畜合理管理有机结合，使高寒草地区域的"三生"（生态—生产—生活）功能协同提升，才能实现青藏高原高寒草地生态环境与畜牧业协调发展、草地可持续恢复和生态环境保护的目标。

本章参考文献

董世魁,胡自治,龙瑞军.混播多年生禾草在高寒地区退化草地植被恢复和重建中的地位和作用[C].现代草业科学进展——中国国际草业发展大会暨中国草原学会第六届代表大会论文集.2002:157-162.

贺金生,卜海燕,胡小文,等.退化高寒草地的近自然恢复:理论基础与技术途径[J].科学通报,2020,65(34):3898-3908.

贺金生,刘志鹏,姚拓,等.青藏高原退化草地恢复的制约因子及修复技术[J].科技导报,2020,38(17):66-80.

马玉寿,周华坤,邵新庆,等.三江源区退化高寒生态系统恢复技术与示范[J].生态学报,2016,36(22):7078-7082.

秦大河.三江源区生态保护与可持续发展[M].北京:科学出版社,2017.

尚占环,董世魁,周华坤,等.退化草地生态恢复研究案例综合分析:年限、效果和方法.生态学报,2017,37(24):8148-8160.

孙鸿烈.中国生态系统[M].北京:科学出版社,2005.

孙建,周天财,张锦涛.青藏高原高寒草地的气候变化适应性管理探讨[J].环境与可持续发展,2021,46(05):55-60.

赵新全.三江源国家公园生态系统现状、变化及管理[M].北京:科学出版社,2021.

赵新全. 三江源区退化草地生态系统恢复与可持续管理［M］. 北京:科学出版社,2011.

赵新全,周青平,马玉寿,等. 三江源地区草地生态恢复及可持续管理技术创新和应用［J］. 青海科技,2017,24(01):13-19+2.

赵志平. 三江源地区高寒草地退化成因及保护对策研究［M］. 北京:中国环境出版集团,2018.

周华坤. 三江源区高寒草地退化演替与生态恢复［M］. 北京:科学出版社,2016.

周华坤,赵新全,周立,等. 层次分析法在江河源区高寒草地退化研究中的应用［J］. 资源科学,2005,27(04):63-70.

周华坤,周立,刘伟,等. 封育措施对退化与未退化矮嵩草草甸的影响［J］. 中国草地,2003,25(05):15-22.

周华坤,周立,赵新全,等. 放牧干扰对高寒草场的影响［J］. 中国草地,2002,24(05):53-61.

周华坤,周立,赵新全,等. 江河源区"黑土滩"型退化草场的形成过程与综合治理［J］. 生态学杂志,2003,22(05):51-55.

周兴民. 中国嵩草草甸［M］. 北京:科学出版社,2001.

第三章　青藏高原高山冰缘带植物多样性与生存之道

　　青藏高原作为地球第三极，其高海拔造就了大面积的高山冰缘带，该生命带分布在海拔 3900 米到 5200 米之间，是陆地植物多样性分布的海拔最高的极

冰缘带流石滩植被景观　　陈哲 摄

限环境。由于这类生态系统位于雪线（冰川）下缘，高山草甸上缘，故被称为"高山冰缘带"。在冰川的剧烈作用及强烈寒冻风化作用下，冰缘带的地表岩石剥落成大小不等的砾石，形成独特的流石滩景观，仅在石隙中有少量基质贫瘠的土壤，导致植被相对稀疏，多呈斑块状分布。因此，高山冰缘带在植被分类中有时也被称为高山寒漠带、高山垫状植被带、高山稀疏植被带、地衣石砾带或高山流石滩。

　　高海拔下的强辐射、低温及冻融交替，是高山冰缘带生态系统最典型的环境特征。其中 UV-B（波长为 280~315 纳米的紫外光）的辐射强度高达380~410 毫瓦 / 平方米，比同纬度平原地区的辐射强度高 10%~30%。高山冰缘带年平均气温不足 0 摄氏度，最热月份的平均气温也不足 10 摄氏度，冬季最低温可达 -40 摄氏度。高寒的气候条件导致可供植物生长的季节十分短促，一般仅有 2~3 个月（每年的 7 月和 8 月），而且植物生长季经常出现霜冻及雪、雹等灾害性天气，是环境条件最为恶劣的高山生态系统。在地理分类单元中，高山冰缘带也是多年冻土区的重要组成部分，其中青藏高原冻土区的活动层土壤一般从 10 月上旬开始冻结，次年 3 月底达到最大冻结深度，冻结深度 1~3米，冻结时长达 5 个月，每年 4 月到 6 月土体开始解冻。活动层全部解冻前，地表土持续经历昼夜冻融交替的干扰。即便在暖季（每年 6 月至 9 月），由于高海拔地区气温昼夜的巨大波动，土壤同样存在频繁的昼夜冻融，植物也面临强烈的冷害胁迫。

寒冻作用导致的高山岩石碎裂形成的流石滩　　陈哲 摄

一、青藏高原高山冰缘带植物多样性

不同山峰的高山冰缘带大多并不相连，而是彼此间独立，呈"岛状"分布，这也使得高山冰缘带的植物区系大部分处于"隔离"或"岛屿"分布的状态。在这样极端严酷和高选择压力的环境中，植物种类形成了遗传差异和一定的谱系地理结构，再加上第四纪冰期的影响，导致冰缘植被带成为一个相对独立且特殊的生态系统。虽然冰缘带土壤基质养分贫瘠，生存环境极端恶劣，植被分布稀疏，但冰缘带植物在生态适应、繁殖对策和维持机制等方面演化出了一系列高度适应性的特征。高山冰缘带孕育了多种抗寒、抗旱、抗紫外线能力极强的高山特有和珍稀植物，生物多样性丰富，是耐逆基因和生物资源的宝库，因此也被称为"隐秘的植物王国"。

据不完全统计，全球分布于高山带的高等植物多达 8000~10000 种，隶属于 100 个科和 2000 余个属，占已知高等植物总数的 4% 左右。在青藏高原，仅喜马拉雅山脉西部海拔 3900 米处的植物就有 1500 余种，其中特有种 830 种；在青藏高原东南部的横断山区冰缘带中，目前已调查到的种子植物达 942 种，隶属于 48 科 168 属，其中 295 种为冰缘带特有植物，是已知世界各大洲高山带或同类生境中种子植物种类的 2~3 倍。另外，鉴于青藏高原腹地及北部等高山冰缘带的植物多样性调查数据还较为欠缺，故青藏高原冰缘带植物多样性理论上还要高于目前已有的调查结果，因此该区域是全球高寒生态系统植物多样性最丰富的区域之一。

分布在青藏高原高山冰缘带的众多植物中，以菊科、玄参科、虎耳草科、十字花科、罂粟科、毛茛科和石竹科植物为主体。而在属这一分类层级，则以虎耳草属（*Saxifraga*）、风毛菊属（*Saussurea*）、马先蒿属（*Pedicularis*）、无心菜属（*Arenaria*）、垂头菊属（*Cremanthodium*）、龙胆属（*Gentiana*）、翠雀属（*Delphinium*）、紫堇属（*Corydalis*）、葶苈属（*Draba*）、绿绒蒿属（*Meconopsis*）、红景天属（*Rhodiola*）、报春花属（*Primula*）、火绒草属（*Leontopodium*）、杜鹃花属（*Rhododendron*）、蝇子草属（*Silene*）、委陵菜属（*Potentilla*）、棱子芹属

高山流石滩——隐秘的植物王国　陈哲 摄

（*Pleurospermum*）、乌头属（*Aconitum*）、拟楼斗菜属（*Paraquilegia*）植物为主体。

另外，冰缘带还是维管植物和观赏花卉的重要种质资源库和重要的中药藏药资源库。据不完全统计，青藏高原冰缘带有 200~300 种可供园林花卉开发的植物种类，如报春、杜鹃、绿绒蒿、龙胆、垂头菊、虎耳草等。高山流石滩中的报春属和绿绒蒿属植物尤其丰富。此外，高山流石滩还蕴藏着极为特殊、珍贵的中药及藏药资源，如贝母、雪莲、红景天等。

二、高山冰缘带植物生存智慧

与低纬度、低海拔地区植物相比，高山冰缘带植物面临的胁迫因子更多，胁迫强度更大。在海拔高、气温低、紫外线强、风力大、土壤贫、传粉少等不利条件下，冰缘带植物在长期演化过程中形成了与流石滩极端环境高度适应的形态、生理和繁殖特征：植株低矮、花色艳丽、形体娇小、垫状、肉质、多毛、发达根茎及肉质根、种子少而多等，演化出多种适应极端环境的"智慧"模式，如：棉毛植物、温室植物、垫状植物、垂头植物、伪装植物等。

1. 植物也有"羽绒服"——棉毛植物

在高山地区，海拔每升高 100 米，气温就会下降 0.5 摄氏度到 1 摄氏度，因此当平原地区夏季面临 35 摄氏度的高温时，海拔 4000 米处的冰缘带最高气温仅 10 摄氏度左右，在夜间甚至会降至 0 摄氏度以下。冰缘带较低的气温及剧烈的昼夜温度变化，使植物通常在一天中要经历类似从夏季到冬季的温度波动，诸如冰雹、霜冻等天气使植物时常在暖季仍遭受寒冷的胁迫。因此，为适应冰缘带严酷的气候特点，植物不仅要具有在低热量条件下生长的特性，还要具备抵御冻害的特点。

在冰霜凛冽的流石滩稀疏植被中，"雪兔子"因拥有自己的"羽绒服"，得以傲立风雪。它们的茎、叶和花序都长满了白色长绒毛，加之植株矮小粗壮，远远望去犹如毛茸茸的"大白兔"，因而得名雪兔子。雪兔子实为菊科风毛菊属（*Saussurea*）雪兔子亚属植物的统称，该亚属共有 26 种，主要分布在我国的青藏高原及周边地区的高海拔流石滩稀疏植被中，花期为每年的 7 月到 9 月。代表种有水母雪兔子（*S. medusa*）、绵头雪兔子（*S. laniceps*）、羽裂雪兔子（*S. leucoma*）、黑毛雪兔子（*S. inversa*）、鼠曲雪兔子（*S. gnaphalodes*）等。其中，鼠曲雪兔子是目前记录到的分布海拔最高的有性繁殖植物物种，在珠峰地区其分布上限达海拔 6300 米。

水母雪兔子（花期）　　　　　　　水母雪兔子（幼体）

鼠曲雪兔子

黑毛雪兔子（花期）　　　　　　　绵穗马先蒿

以上照片均为陈哲拍摄

它们的一身绒毛正是它们得以在高山冰缘带安身立命的资本。蓬松的绒毛一方面降低了植物体表的空气流动，减少了自身温度的损失，同时绒毛内部空间充满空气，对热量具有良好的缓冲作用，使得植株无论在太阳辐射强烈的白天，还是温度急剧下降的夜晚，都能保持自身小环境温度的相对稳定。避免瞬间强辐射或极端低温对植物繁殖器官的损害，有助于植物应对高海拔地区风云变幻的极端天气。另一方面，绒毛的聚热作用能够提升花序温度，加速繁殖器官的成熟，尽可能利用短暂生长季中的热能，保证种子发育良好。此外，白色的绒毛还能反射、阻挡部分太阳紫外线，降低紫外线直射对植物繁殖器官的伤害，在雨雪天也能够减缓雨滴、冰雹等对花粉的冲刷和破坏，在一定时间内保证花粉的数量和质量，提高自身繁殖力。

正由于有了这一身"多功能"的绒毛棉衣，雪兔子才得以倔强地生长于高山冰缘带恶劣的流石滩石隙中，生生不息。

2. 自建阳光房——温室植物

也许大家对雪兔子较为陌生，但提起它们的"表亲"——大名鼎鼎的雪莲，估计都有所耳闻。雪莲与雪兔子均隶属于菊科风毛菊属，但分属两个不同的亚属。雪莲的顶生花序下有硕大的膜质苞叶，展开后像一朵盛开的莲花，而雪兔子无膜质苞叶，叶子上密被白色绒毛。雪莲亚属约有23种，我国几乎拥有这个亚属的全部种类，主要分布在我国西南部及西北部的高山冰缘带中。同样为了给自己营造温暖舒适的生长环境，雪兔子采取为自己盖棉衣的策略，而雪莲却采取自建阳光房的方式应对严寒，因此雪莲也被称为"温室植物"。其中代表性

苞叶雪莲（花期）　殷为友 摄

45

唐古特雪莲　　陈哲 摄

的雪莲有苞叶雪莲（*Saussurea obvallata*）、唐古特雪莲（*S. tangutica*）。当然，除了风毛菊属雪莲亚属外，蓼科大黄属植物塔黄（*Rheum nobile*）、苞叶大黄（*R. alexandrae*）也是温室植物的代表类型。温室植物通常"身材"高大，在空旷的冰缘带格外醒目，因此也被称为高山上的"明星植物"。

　　植物自建温室是如何实现的呢？这类植物最显著的特征是它们花序外层的叶片变态为半透明的膜质苞片（淡黄色、淡紫色均有），类似于温室的大棚。以塔黄为例，塔黄的苞片互相堆叠，将所有的花部器官严严实实地包裹起来，有效地保存了热量。在晴朗的正午，温室结构内部的温度要比同时间的外部环境气温高出 10 摄氏度以上。这种增温作用，首先能够明显促进花粉的萌发和花粉管的生长，由此加快植物受精的过程，为种子的发育提供适宜的温度条件。适宜的温度能够促进植物将大量营养物质向种子运输，提升短暂生长季中的繁殖效率。其次，温室植物的苞片和棉毛植物的绒毛相似，同样具有"防护伞"作用，通过层层苞片对花序的包裹，一方面可以有效防止雨水对花粉的冲刷，另一方面苞片中的大量化学物质类黄酮，能有效吸收、反射、阻挡约 90％的紫外线直射花的繁殖器官。

高寒恶劣环境条件下，相互合作是维持种群繁衍的永恒主题。温室植物的阳光房不但为自身的生长创造了优越的微环境，同时也是其动物界的亲密伙伴——传粉者的育儿温床，真可谓"你为我传粉，我为你育儿"。为了吸引传粉昆虫，植物大多会靠"美食"和"芳香"吸引传粉者，但在高海拔地区要通过合成这些高昂的宴品招待来客，显得过于奢华。而温暖的环境却是高海拔地区植物和动物都渴求的场所，因此，温室植物凭借其优越的"阳光房"吸引昆虫前来造访，这对缺少传粉者的冰缘带生态系统而言，无疑会大大提升有性繁殖植物的适合度。同时，昆虫在温

密花翠雀花　　　陈哲 摄

室"安家"、产卵，既有利于提高虫卵孵化率，也能够加速个体发育进程。这种"你为我传粉，我为你育儿"的合作共赢机制是极端环境中物种共存的典型代表。

3. 高山上的诺亚方舟——垫状植物

冰缘带不但气候恶劣，同时由于缺少生物作用的影响，成土过程缓慢，且冻融侵蚀等过程加速土壤流失，在高山流石滩中仅石隙中发育着少量的土壤，以高寒荒漠土为主，营养贫瘠，土层无明显分化剖面。但在这种仅有的土地条件中，却顽强地生长着一类通过"抱团方式"安家的植物，如石竹科囊种草属的囊种草（*Thylacospermum caespitosum*），福禄草属的团状福禄草（*Dolophragma polytrichoides*），老牛筋属的垫状雪灵芝（*Eremogone pulvinata*）、青海雪灵芝（*E. qinghaiensis*），报春花科点地梅属的垫状点地梅（*Androsace tapete*），紫草科垫紫草属的垫紫草（*Chionocharis hookeri*），蔷薇科山莓草属的四蕊山莓草（*Sibbaldia tetrandra*）等。这类植物的典型特征是具有一条埋于地下的粗壮且结实的木质主根，没有明显的茎或极短的茎密集生

长，紧贴在地面或岩石上，经过多年辐射性生长后，形成小枝紧密簇生的半球形或饼形集群特征。在流石滩中远远望去，形似一个个凸起的绿色馒头包。因其紧贴地面或岩石生长，无数的小枝簇生在一起，像是在坚硬的岩石上铺上了一层厚厚的垫子，因此被形象地称为"垫状植物"。

在气候恶劣、养分贫瘠的环境中，单靠一己之力往往难于立足，采取类似于蚂蚁、蜜蜂等社会性昆虫的集群生活方式，倒不失为一种可靠的策略。垫状植物把这种"社会化"行为带到了荒凉的冰缘带，形成了特殊的流石滩垫状植被生态系统。垫状植物的优势表现在以下方面：第一，密集生长增加了植物上表面的风阻系数，减缓了空气流动造成的个体热量损失。第二，贴地生长能够有效利用地表辐射，快速提升群丛内部温度。据测定，在晴朗的白天，垫状植物表面温度比同时间的气温高出 10 摄氏度到 15 摄氏度，可以在很大程度上补充高山冰缘生境中热量的散失，保障植物光合作用高效进行。第三，多分枝的

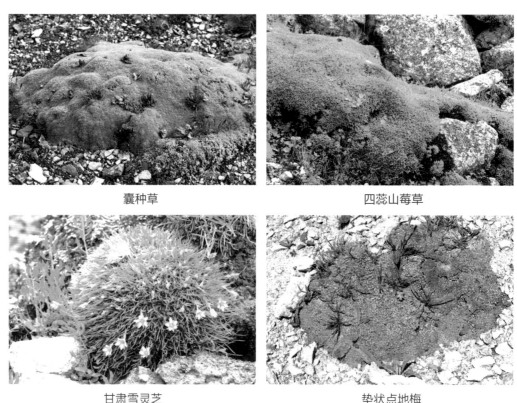

囊种草　　　　　　　　　　　　　　　　四蕊山莓草

甘肃雪灵芝　　　　　　　　　　　　　　垫状点地梅

以上照片均为陈哲拍摄

密集型球形或半球形的形态特征增加了植物的表面积，使整个植株进行光合作用的有效面积大大增加。第四，垫状植物具有良好的吸收和保持水分及养料的能力，主要表现在密集的群丛能够有效固持水分，且小枝死亡后仍聚集在群丛内部，这些枯枝残体相当于一个养分缓存库，其分解后释放出的养分能够被新枝高效利用。由于有了这些有利条件，垫状植物才能一年年地向外辐射生长，占据越来越大的面积和空间。

垫状植物的特殊不仅体现在自身通过密集分枝这种抱团方式适应极端环境，更难得的是，垫状植物通过对温度、水分、土壤等微环境的改善为其他植物在冰缘生境内的生存、生长、繁殖提供了不可或缺的支持庇护场所，因此也被称为高寒区的护理植物。在本就缺少土壤的流石滩中，垫状植物的衰老死亡或部分茎枝的凋落，能够为其他高山植物种子在此萌发创造空间，若碰巧有种子落到垫状植物表面或枯死部分，就有可能生根发芽，定居下来，于是不同物种就共同组成了荒原上的"生命方舟"。我们曾调查过祁连山岗什卡雪山地区囊种草群落中的植物多样性，发现在 1 平方米的囊种草群落内伴生有偃卧繁缕（*Stellaria decumbens*）、多刺绿绒蒿（*Meconopsis horridula*）、蒙古穗三毛草（*Trisetum spicatum mongolicum*）、青藏虎耳草（*Saxifraga przewalskii*）、矮垂头菊（*Cremanthodium humile*）、四蕊山莓草、黑虎耳草（*Saxifraga atrata*）、黑蕊无心菜（*Odontostemma melanandrum*）、短筒兔耳草（*Lagotis brevituba*）、隐瓣蝇子草（*Silene gonosperma*）、胎生早熟禾（*Poa attenuata var. vivipara*）共 11 种植物。因此，垫状植被生态系统工程师的作用是造就全球最丰富的高寒植物多样性的关键组成。总之，垫状植物不但是冰缘带的先锋植物，同时其对微环境的改造也使之成为冰缘带中的"诺亚方舟"。

4. 低头不是屈服而是智慧——垂头植物

花儿就该昂首挺胸地怒放吗？也许是向日葵白天向着太阳的习性给了我们这个固有的"偏见"。同为菊科，但在高山冰缘带却有一大批"垂头菊"（菊科垂头菊属，*Cremanthodium*）始终低垂着自己的头。该属植物典型的特征为头状花序单生或多数，排列成总状花序，下垂，呈辐射状或盘状，因花序

车前状垂头菊　　　　　　　狭舌垂头菊　　　　　　　五脉绿绒蒿

以上照片均为陈哲拍摄

下垂故被称为"垂头植物"。垂头菊属是喜马拉雅山脉及其毗邻地区的特有属，现知有 64 种，我国境内全部都有，集中分布在青藏高原和西南山区的高山灌丛、高山草甸及高山流石滩生境中。代表种有矮垂头菊、钟花垂头菊（*Cremanthodium campanulatum*）、狭舌垂头菊（*C. stenoglossum*）、褐毛垂头菊（*C. brunneopilosum*）、车前状垂头菊（*C. ellisii*）等。当然，冰缘带垂头植物并非垂头菊属一类，岩须（*Cassiope selaginoides*）和梭砂贝母（*Fritillaria delavayi*）也是垂头植物的典型代表。

诚然，在传粉者稀缺的高山地带，花朵直立朝上有利于招蜂引蝶，帮助传粉，但强紫外线和风雨突变的天气同样给花朵的繁殖器官造成巨大威胁，特别是脆弱和珍贵的花粉。因此，审时度势地选择低头，是一种最经济的适应对策，既躲避了强紫外线对花粉的直接照射，降低了基因突变概率，也保护了花粉免于被雨水冲刷。这与温室植物的温棚作用有相似的功能，只是策略不同罢了。另一方面，晴天时地表往往会吸收大量的太阳短波辐射，夜间则会以长波辐射方式将能量返回大气，而低垂的花序恰好能够最大程度地接收来自地面的长波辐射，有利于提升、延长花的器官发育所需的温度。还有部分高山植物，如龙胆科植物，虽然不是一般意义的垂头植物，其花朵在天气晴朗时朝上开放，但在阴雨时会迅速闭合甚至下垂。正是这种审时度势、能屈能伸的生存智慧，使得垂头植物能在恶劣的冰缘带繁衍不息。

5. 隐身大师——伪装植物

变色龙、树蛙和枯叶蝶等是为大众所熟知的动物界拟态高手，通过体色、形态的改变与环境背景尽可能保持一致，利用"障眼法"躲避天敌。无独有偶，在冰缘带的植被中同样存在植物界的"伪装高手"，如绢毛菊（*Soroseris glomerata*）、囊距紫堇（*Corydalis benecincta*）、梭砂贝母等，它们的一个共同特点是叶片颜色往往和生境中的岩石颜色较为接近。之所以通过颜色的伪装在严苛环境下自保，主要是因为环境驱动的繁殖压力导致这些植物以多年生植物为主，其应对不稳定环境的一大对策是将更多生物量和营养分配到地下根系或根茎中，而地上部分叶片较少，生物量较低，因此需要通过多年光合产物的积累才能满足繁殖（开花）过程中的能量和养分需求。如梭砂贝母第 1 年萌发，第 2 年和第 3 年营养生长，第 4 或第 5 年才能开花结果。因此，高山植物为了繁衍，为了完成生命的轮回，在用尽生命绽放前，需要尽可能安全地隐匿一生！

绢毛菊　陈哲 摄

伪装植物在绽放前之所以选择隐匿，自然主要是为躲避植食性动物的采食。如囊距紫堇所在的流石滩生境中，绢蝶成虫每年6月初会将卵产在紫堇植株附近，大半个月后幼虫孵化，便以紫堇肥厚的叶片为食。为避免成为绢蝶幼虫的"盘中餐"，囊距紫堇演化出了具灰色叶片的个体。同一种群中往往有正常的绿色叶片个体和灰色叶片个体。后者叶片的颜色与环境中的砾石颜色相似，非花期内，很难凭叶片把植株从环境中辨认出，能有较大概率逃过绢蝶幼虫的采食。相反，绿色叶片的个体则可能面临灭顶之灾。

与囊距紫堇面临的自然选择相比，梭砂贝母的近况更为严峻。贝母不但要躲避昆虫的采食，同时因为其较高的药用价值，被当作"仙草"，为人类所大肆采摘。有研究表明颜色鲜艳的梭砂贝母更易被人类采挖，而颜色暗淡的贝母则表现出高的隐蔽性，植株幸存的概率比较大。据此推测，在不久的将来，具有隐蔽色的梭砂贝母会成为流石滩上的主流贝母，而颜色艳丽的种类可能会慢慢消失。不论是动物采食还是人类采挖活动，都很可能驱动了伪装色在梭砂贝母中的演化，特别是日益严峻的人类活动干扰可能正在以人类自己都无法预见的方式影响野生生物的演化。

6. 我很靓，但有刺——物理防御植物

"云想衣裳花想容"，高山植物同样逃脱不了对美的追求。罂粟科绿绒蒿属的多刺绿绒蒿便是冰缘带"花花公子"的典型代表。它被西方称为"喜马拉雅蓝罂粟"，分布于青藏高原、横断山区和喜马拉雅山脉高海拔的高山草甸和石缝中，花单生于花葶之上，花葶10~20厘米，花茎6~12厘米，每年6到8月份绽开蓝紫色至紫红色的艳丽花朵，是世界高山花卉中的明星物种，也是重要的藏药资源，该物种浑身具刺，因此得名。

高山冰缘带有性繁殖植物无法拒绝昆虫到访的"诱惑"，而该区域昆虫种类和数量均很少，且大风等因素严重制约了昆虫的活动范围，加之高山植物自身花期短暂，传粉就成为高山植物繁殖过程中面临的头等大事，直接关系到种群的维持和扩张。因此，高山植物选择大而艳丽的花朵来吸引"传粉信使"（昆虫），正好可以弥补花期的短暂。在众多的昆虫中，熊蜂（体壮、多绒毛）因为

多刺绿绒蒿株（左上）、叶片（右上）和子房（下）　　陈哲 摄

具有较高的花粉传递效率，且在低温和强风环境中也能访问花朵，成为高山植物的"宠儿"。然而，熊蜂钟情于蓝／紫色花。"女为悦己者容"，高山植物也深知人类的这一世故，它们盛开的蓝／紫色艳丽花朵正是为了取悦熊蜂，以达目的。

绿绒蒿花瓣的蓝也不仅仅通过取悦熊蜂达到传递种内基因的目的，同时也是对自身，特别是繁殖器官的有效保护。为了削弱高海拔地区强烈紫外线的伤害，高山植物的花瓣中通过合成大量类胡萝卜素和花青素，来吸收部分紫外线，减少其对自身的伤害。类胡萝卜素使花瓣呈现黄色，花青素则使花瓣呈现红色、蓝色和紫色。海拔越高的地方，紫外线越强，花瓣里面的这两种物质含量也越多，花瓣的颜色也就越艳丽。

多刺绿绒蒿的花　　陈哲 摄

但是，与善于伪装的囊距紫堇相比较，艳丽给绿绒蒿招致的"灭顶之灾"概率也随之大幅提升，这可能是植食性动物的啃食，也可能是人类的无情采挖。绿绒蒿的美以及独特的药理特性，对其而言是把"双刃剑"，幸运的是它演化出了满身的刺，采用物理性防御策略弥补了貌美给自己招来的损害。绿绒蒿的刺尚能抵挡昆虫的过分索取，亦如雪兔子的柔毛尚能抵御高海拔的寒冷，雪莲的温室尚能实现植物与传粉者的双赢，而面对人类的欲望时又该如何应对？或许需要人类以更大的智慧加以解决。

冰缘带流石滩上的极致美景和隐秘花园中的植物精灵，让我们读懂了生命的顽强，看到了植物的智慧，也让我们明白了生命的宝贵。人类有意或无意的冒犯只会让极寒之地更"冷清"。冰缘带这本无字书需要科学探索，更需要尽心保护。

本章参考文献

Dai C, Gong Y B, Liu F, *et al*. Touch induces rapid floral closure in gentians[J]. Science Bulletin, 2022, 67(6): 577−580.

Dai L C, Guo X W, Zhang F W, et al. Seasonal dynamics and controls of deep soil water infiltration in the seasonally-frozen region of the Qinghai-Tibet plateau[J]. Journal of Hydrology, 2019, 571: 740-748.

Ding W N, Ree R H, Spicer R A, et al. Ancient orogenic and monsoon-driven assembly of the world's richest temperate alpine flora[J]. Science, 2020, 369(6503): 578-581.

Körner C. Alpine plant life: functional plant ecology of high mountain ecosystems[M]. Springer Nature, 2021.

Niu Y, Stevens M, Sun H. Commercial harvesting has driven the evolution of camouflage in an alpine plant[J]. Current Biology, 2020, 31(2): 446-449.

Xu B, Li Z M, Sun H. Plant diversity and floristic characters of the alpine subnival belt flora in the Hengduan Mountains, SW China[J]. Journal of Systematics and Evolution, 52(3): 271-279.

程国栋, 赵林, 李韧, 等. 青藏高原多年冻土特征、变化及影响[J]. 科学通报, 2019, 64(27): 2783-2795.

何永涛, 石培礼, 闫巍. 高山垫状植物的生态系统工程师效应研究进展[J]. 生态学杂志, 2010, 29(06): 1221-1227.

黄荣福. 青海可可西里地区垫状植物[J]. 植物学报, 1994, 36(02): 130-137.

李吉均. 大陆性气候高山冰缘带的地貌过程[J]. 冰川冻土, 1983, 5(1): 1-16.

刘晓娟. 青藏高原北缘高山寒漠带垫状植物生态系统工程师效应研究[D]. 甘肃农业大学, 2014.

林笠, 王其兵, 张振华, 等. 温暖化加剧青藏高原高寒草甸土非生长季冻融循环[J]. 北京大学学报自然科学版, 2017, 53(1): 171-178.

孟丰收, 石培礼, 闫巍, 等. 垫状植物在高山生态系统中的功能:格局与机制[J]. 应用与环境生物学报, 2013, 19(04): 561-568.

彭德力, 杨扬. 雪山奇葩——雪兔子[J]. 大自然, 2012(05): 46-47.

彭德力. 横断山区高山冰缘带植物繁殖特征和适应策略[D]. 云南大学, 2015.

饶晓琴. 青藏高原地区太阳紫外辐射的观测资料分析与数值模拟研究[D]. 中国气象科学研究院, 2003.

宋波, 孙航. 你为我传粉, 我为你育儿——恶劣环境下塔黄的繁殖策略[J]. 大自然, 2016(01): 48-51.

孙海, 徐波. 冰缘带的隐秘花园(上)[J]. 花卉, 2015(10): 51-53.

王晓雄, 乐霁培, 孙航, 等. 青藏高原高山流石滩特有植物绵参的谱系地理学研究[J]. 植物分类与资源学报, 2011, 33(06): 605-614.

吴征镒,李锡义.中国植物志[M].北京:科学出版社,1977,66: 649.

杨扬,陈建国,宋波,等.青藏高原冰缘植物多样性与适应机制研究进展[J].科学通报,2019, 64(27): 2856-2864.

杨扬,孙航.高山和极地植物功能生态学研究进展[J].云南植物研究,2006,28(01): 43-53.

张新时.西藏植被的高原地带性[J].植物学报,1978,20(2): 140-149.

张亚洲.冰缘带植物王国的悲歌[J].科学之友(上半月),2020(12): 40-42.

赵林,盛煜.青藏高原多年冻土及变化[M].北京:科学出版社,2019.

第四章　世界屋脊花园里的獐牙菜

曹倩　高庆波

从高空俯瞰地球，高山像无数岛屿一样镶嵌在广袤的大陆上，顶着终年不化的积雪。最雄伟的一系列山脉位于欧亚大陆，数不胜数的海拔5000米以上的山峰构成了被称为青藏高原的地区。青藏高原的隆起是第三纪以来地球规模最大的造山运动，地形地貌的改变以及与随之而来的气候变化的耦合作用，极大地促进了高山植物的演化，因而青藏高原植物一直以来都是科学研究中最令人注目的领域之一。

如果我们攀登一座青藏高原区域的高山就会发现，在地球上其他地方都不可能找到如此多变的环境。例如，在几平方米的范围之内，我们可以在温润寒冷的土壤中发现喜冷的嵩草和薹草组成的高山草甸群落，间杂着五颜六色的高山野花；而同一块区域里，凸起的裸岩上则是"微型"的荒漠景观，具有肉质叶片的红景天等旱生植物生长其上。假如我们从山下驱车半个小时沿山路到达顶峰，就相当于在低海拔地区南北跨越3000公里的生命带，所有的植物都被压缩在相对高度约2公里的陡峭高山上。板块抬升、地理隔离、气候变化、陡峭的地形以及冰川共同塑造了强烈的生境差异，此间生命的迁徙和演化让青藏高原成为地球生物多样性的热点地区。据不完全统计，青藏高原孕育了至少1500属、12000种维管植物，超过20%的植物为该地区的特有种，其中獐牙菜属植物就是这座世界屋脊花园里的成员。

一、认识獐牙菜

青藏高原东部祁连山区的 8 月末，天气微凉，高山灌丛和草甸里的祁连獐牙菜（*Swertia przewalskii*）来赴秋天之约。亭亭玉立的花葶上，从下到上次第开放着素雅的浅绿色花朵。它的花部结构非常特别：每个花瓣的中部有两个浅槽状的蜜腺，内含花蜜，蜜腺边缘长有流苏状的附属物。

祁连獐牙菜的花葶（左）和花（右）　　高庆波 摄

祁连獐牙菜是龙胆科植物，全世界约有 170 种獐牙菜，亚洲、欧洲、北美洲和非洲都有分布。中国有 79 种獐牙菜，从台湾到新疆，从云南到黑龙江，都有分布。獐牙菜喜欢寒冷的生境，尤其青睐高山地区，因此大多数獐牙菜都盛开在中国青藏高原和西南山地的高山花园里。

二、蜜腺长在花瓣上

在植物爱好者的眼中，獐牙菜属是比较小众的植物。不像它的近亲龙胆属有着绚丽夺目的花朵，獐牙菜属的花朵比较低调、清秀。它的美体现在花蜜腺的多样性上，需要我们仔细观察。同祁连獐牙菜一样，大多数獐牙菜属植物在

分布在青藏高原的獐牙菜

（A）红直獐牙菜（*Swertia erythrosticta*）；（B）多茎獐牙菜（*S. multicaulis*）；

（C）心叶獐牙菜（*S. cordata*）；（D）歧伞獐牙菜（*S. dichotoma*）；（E）祁连獐牙菜；

（F）轮叶獐牙菜（*S. verticiuifolia*）；（G）川西獐牙菜（*S. mussotii*）；（H）西南獐牙菜（*S. cincta*）

拍摄者：高庆波、马小磊、曹倩、周玉碧、张波、杨丰懋

花瓣上都有蜜腺结构。有些凹陷下去，边缘大多有流苏装饰，称为腺窝；有些平滑，没有流苏装饰，称为腺斑。这一特征是獐牙菜植物的家族徽印，根据其蜜腺的特征可以迅速识别不同的獐牙菜。

　　獐牙菜多样的蜜腺不仅吸引着植物爱好者，也让科学家着迷。腺窝或腺斑是如何吸引昆虫的？蜜腺对獐牙菜的演化有什么意义？科学家设计了一个精巧的实验来回答这些问题。

　　研究人员选用了具有腺斑的獐牙菜作为研究对象，设置了三个实验组：A组摘去 4 个花瓣，只留 1 个花瓣；B组覆盖花瓣上的斑点，但是留出腺斑；C组覆盖腺斑，但是保留花瓣上的斑点。另外设置一个正常条件下的对照组（即

川西獐牙菜的每个花瓣上有两个沟槽状的腺窝
马小磊 摄

心叶獐牙菜每个花瓣上有一个黄绿色的腺斑
周玉碧 摄

不做任何处理），与其他 3 个实验组进行对照比较。研究人员观察和比较了这 4 个组的访花昆虫（主要是蜜蜂和苍蝇）访花的频率和停留在花朵上的时间，结果发现昆虫访问 4 个组的频率基本是相同的，并由此推论出吸引昆虫的不是蜜腺和斑点的视觉效果。然而，昆虫在花朵上的停留时间却有显著差别，在对照组和 B 组上停留的时间远远超过其他组。可见，獐牙菜吸引昆虫访花的原因是食物报酬，也就是腺斑分泌的花蜜。

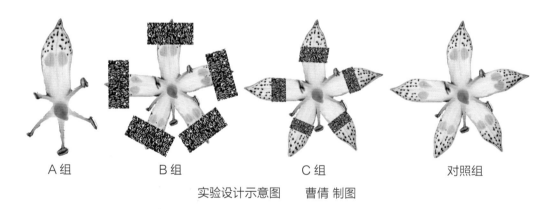

A 组   B 组   C 组   对照组

实验设计示意图　曹倩 制图

科学家发现大多数昆虫的访花行为是典型的"盘旋"行为，即在花冠上沿着腺斑的轨迹绕圈采集花蜜。这样做的同时，昆虫的身体会与雄蕊或柱头产生接触。在大多数的盘旋采食中，昆虫能够接触到雄蕊。不过由于獐牙菜腺斑和柱头之间的距离比较远，昆虫不可能同时接触到同一朵花的雄蕊和柱头，可以有效地避免自交，同时鼓励异交。异交后代通常能从双亲获得更高的遗传多样性，比自交的后代更能适应环境的变化。

　　然而具有腺窝的獐牙菜讲述了另一个故事，研究者发现祁连獐牙菜不仅能异交而且能自交。研究者推测，因为高原环境严峻，一则昆虫比较少，二则低温和多风会影响昆虫的传粉行为。为了应对不稳定的传粉环境，高海拔地区的獐牙菜发展出了自花传粉机制。这样，既能产生异交的后代保持种群的遗传多样性，也有自交产生的种子作为延续后代的保障，毕竟自交还是比不育要强。

三、獐牙菜与文化

　　獐牙菜属植物含有獐牙菜苦苷、龙胆苦苷以及当药黄素等多种化合物，在各个产地均有着悠久的入药历史。例如印度獐牙菜的植株可长到近 2 米高，具有宽阔的叶片和深紫色的茎，高大醒目。在它的产地，人们一早就发现了这种草本植物的药效功能，并加以利用。据阿育吠陀医学描述，印度獐牙菜苦味性寒、利消化，使人体可以将"热"从血液和肝脏中排出。在古代藏医著作《月王药诊》《四部医典》和《晶珠本草》中也有对印度獐牙菜的生长区域和药用属性的记载，将其描述为治疗肝病的藏药蒂达的基元药材之一。现代生物学实验表明该药材能够减轻实验动物（小鼠和兔子）的肝脏损伤。

　　从遗传学的角度来讲，具有密切亲缘关系的植物往往具有相似的化学成分。因此在医学实践中，獐牙菜属的多种植物，乃至和獐牙菜属有亲缘关系的植物都可以入药。据调查，藏药蒂达的基元植物包括26 种獐牙菜以及十几种近缘植物。不同

印度獐牙菜　　周玉碧 摄

地区往往使用分布于当地的獐牙菜，例如云南使用紫红獐牙菜（*S. punicea*），青海使用祁连獐牙菜。獐牙菜药材的采集基本由藏医从业者自野外采集，这种自采自用的方式在传统医学中普遍存在，是高原地区的人们在长期生活实践中不断丰富和积累药物知识的源泉。但是伴随近几十年对獐牙菜药材的需求的攀升，过度采挖已经使一些区域的植物处于濒危状态。IUCN 未收录的川西獐牙菜的野外种群也不断萎缩，祁连獐牙菜目前仅有几个相互隔离的种群。

引种栽培有助于解决野外资源的匮乏，有利于野生药用植物的保护。中国科学院西北高原生物研究所成功地引种栽培了多种獐牙菜属植物，人工栽培的獐牙菜属植物在有效化学成分指标方面可以达到野生的水平，说明人工栽培可以替代采挖野生药材。

值得一提的是中国科学院西北高原生物研究所的科研团队在第二次青藏高原综合科学考察中在西藏南部发现了印度獐牙菜，这个发现是印度獐牙菜在我国分布的新纪录，对该物种的保护与可持续利用具有重要意义。

四、獐牙菜与气候变化

然而，对于獐牙菜而言，更大尺度上的威胁来自全球气候变化。过去 50 年来，青藏高原升温的速度相当于全球变暖速率的 3 倍。温暖的环境以及富含 CO_2 的大气有利于植物的生长。卫星影像也见证了青藏高原的植被面积呈逐年扩大的趋势。但是，青藏高原的暖化对獐牙菜以及其他高原特有植物是一个好消息吗？我们需要对具体的区域和植被进行更深入的研究才能得出让人信服的结论。

气温的升高将为低海拔地区的植物扩散到高山生境敞开大门。因此在一定时期，高山生态系统的生物多样性是增加的。然而，对于喜欢寒冷环境的高山植物，例如獐牙菜，温暖的气候将迫使它们向更凉爽处迁移，意味着向海拔更高处攀升。在高山物种到达了生长的极限处，例如山顶的雪线，它们就将面临无处可去的困境。这种困境叫作高山陷阱。

现有的研究对獐牙菜的未来并不乐观。对乌克兰高山地区的北温带獐牙菜种群的研究显示，连续 19 年以来，北温带獐牙菜的种群一直呈萎缩状态。对于印度大吉岭地区分布的獐牙菜在未来气候模式（更温暖）的建模研究表明，到 2050—2070 年，当地将不再有适合獐牙菜生长的栖息地。

虽然全球气候变化对包括獐牙菜在内的高山植物的长期影响尚无定论，不过已被证实的是喜欢寒冷生境的物种会受到威胁，高寒物种和地方特有种消失的可能性比较大。放眼全球的高山地区，植被提早开花，昆虫提早出现，鸟类提早产卵，以及冰川退缩，永久冻土融化，江河湖泊结冰推迟等，均与全球气候变化有密切的关系。我们只有了解高山植物在此背景下所受到的生存危机，才能在日常生活中践行低碳行为。

五、獐牙菜属的分类学研究

如今学习植物分类有许多方法和资源，研究者或爱好者可以参考志书、专著或图鉴，访问标本馆和植物园查阅标本，并且可以借助强大的线上数据库资源来鉴定植物和分类。可是在历史上的很长时间内，想要搞清楚有多少种植物并给它们分类是一个不可能完成的任务，因为缺少一个统一的命名和分类方法，植物的命名和分类是一个巨大的混乱，同一种植物有好几个名字，而每个研究者都有自己的一套系统。直到瑞典的博物学家卡尔·林奈提供了解决方法。

林奈对植物学做出了两大贡献，一是创建了可用于植物（以及其他生物）的分类系统，二是建立了现代的命名系统，以植物的种和属为依据。借助这两个巧妙的工具，勤勉的林奈给超过 1000 个属的植物进行了分类，这其中就包括獐牙菜属。

1751 年林奈确立了獐牙菜属，属名 *Swertia* 是为了纪念荷兰的植物学家伊曼纽尔·斯威特斯（Emanuel Sweerts）而命名的。之后，分布于林奈家乡瑞典高山区的北温带獐牙菜被定为獐牙菜属的模式种。

林奈在 1751 年确定獐牙菜属的时候，只包括 5 种獐牙菜。而獐牙菜成为具有约 170 种植物的一个大属，经历了两百多年的时间，有超过 40 位学者对其做出了贡献。其中熠熠生辉的人物包括英国植物学家乔治·顿（George

Don），他发表了 40 种分布于亚洲、欧洲和北美的獐牙菜。还有英国植物学家罗伯特·布朗（Robert Brown）和爱尔兰植物学家奥古斯丁·贝克（Augustine Baker），首次发表了非洲分布的 33 种獐牙菜。而群星中最闪耀的是中国的植物学家何廷农先生和刘尚武先生，他们的研究成果《中国龙胆科植物研究》获得 2005 年国家自然科学二等奖。

1968 年何廷农先生（右一）在野外采集标本　　肖洒 供图

何廷农先生（右一）和刘尚武先生（左三）载誉归来
中国科学院西北高原生物研究所科技处 供图

何廷农先生和刘尚武先生出生于 20 世纪 30 年代，两位先生是夫妻，都在中国科学院西北高原生物研究所工作。自青年时代他们就开始骑马考察和采集獐牙菜属植物，足迹覆盖了青藏高原和西南山地。基于几十年的野外考察和案头研究工作，他们发表了 30 多个来自中国西部高山地区的新种，在 20 世纪 90 年代完成了《中国植物志》中有关獐牙菜属等类群的分类学处理。之后，又花了近 30 年的时间编著獐牙菜属的专著，于 2015 年出版 *A Worldwide Monograph of Swertia and Its Allies*（中文名《獐牙菜属和近缘属的世界性分类》）。这本书是两位作者 50 多年研究成果的总结，查阅了世界上主要标本馆馆藏的上万份标本，总结了獐牙菜属形态学、胚胎学、孢粉、细胞学、分布和分子系统发育学的文献资料，各部分都有两位学者的独立研究。在分类处理上共涉及 168 种、35 变种或亚种（何廷农先生命名的獐牙菜属名称共有 35 种）。书中近 1/4 的篇幅记载了每种獐牙菜的学名、主要文献引证、形态特征描述、产地、生境及世界分布。在分类处理中有 42 幅线描图，书后附录了所查阅的标本，提供了按种、国家、采集人、采集号的索引，在书末还附有 15 页的物种照片。

对于一个庞大植物类群的世界性分类修订，国内分类学的同行中鲜有后继者。虽然这本书出版已好几年了，该书仍是世界獐牙菜属植物分类学研究的最权威资料。

两位先生如今已经离世，他们一生都在孜孜不倦地探索青藏高原地区植物的奥秘，追寻科学真理，可谓一生都奉献给了学术之林。我们永远怀念令人敬佩的植物学先辈，他们的科学精神继续鼓舞着后来者。

本章参考文献

Christian K. Alpine plant life: functional plant ecology of high mountain ecosystems[M]. Berlin: Springer, 2003.

Debasruti B and Saurav M. Predictive distribution modeling of *Swertia bimaculata* in Darjeeling-Sikkim Eastern Himalaya using MaxEnt: current and future scenarios[J]. Boral and Moktan Ecological Processes. 2021,(10):26.

Ho TN, Liu SW. *Swertia* Linnaeus[M]//WANG J, LUO J, BU X, *et al*. A worldwide monograph of *Swertia* and its allies. Beijing:Science Press, 2015:85-86.

Wang S, Fu WL, Du W, *et al*. Nectary tracks as pollinator manipulators: the pollination ecology of *Swertia bimaculata* (Gentianaceae) [J]. Ecol Evol. 2018, 8(6):3187-3207.

Wu S, Wang Y, Wang Z, *et al*. Species divergence with gene flow and hybrid speciation on the Qinghai-Tibet Plateau[J]. New Phytol., 2022, 234(2):392-404.

Yuriy K. Trends in population size of rare plant species in the alpine habitats of the Ukrainian Carpathians under climate change[J]. Diversity, 2018, 10(3): 62.

曹倩, 高庆波, 郭万军, 等. 基于MaxEnt模拟人类活动与环境因子对青藏高原特有植物祁连獐牙菜潜在分布的影响[J]. 植物科学学报, 2021, 39(1): 22-31.

段元文, 刘健全. 青藏高原特有植物祁连獐牙菜(龙胆科)的花综合征与虫媒传粉[J]. 植物分类学报, 2003, 41(5): 465-474.

范叔清, 周松, 卢志强, 等. 藏茵陈化学成分和药理作用研究进展[J]. 现代中西医结合杂志, 2012, 21(02): 227-228.

何廷农. 獐牙菜属[M]//青海植物志编辑委员会. 青海植物志第3卷. 西宁:青海省人民出版社, 1997:91-91.

何廷农, 刘尚武. 国产獐牙菜属的新分类群[J]. 植物分类学报, 1980, 18(1): 11.

何廷农, 薛春迎, 王伟. 獐牙菜属植物的起源, 散布和分布区形成[J]. 植物分类学报, 1994, 32(6): 13.

刘黄刚, 张铁军, 王莉丽, 等. 獐牙菜属药用植物亲缘关系及其资源评价[J]. 中草药, 2011, 42(9): 1646-1650.

刘洋, 张健, 杨万勤. 高山生物多样性对气候变化响应的研究进展[J]. 生物多样性, 2009, 17(1): 88-96.

肖洒. 标本馆巡礼——中国科学院西北高原生物研究所标本馆, 中国数字植物标本馆.

张婵, 安宇梦, Yun JÄSCHKE, 等. 青藏高原及周边高山地区的植物繁殖生态学研究进展[J]. 植物生态学报, 2020, 44(1): 1-21.

赵纪峰. 藏茵陈的资源调查与生药学研究[D]. 北京中医药大学, 2008.

郑度等. 青藏高原形成环境与发展[M]. 石家庄:河北科学技术出版社, 2003.

第五章　神奇的寄生植物锁阳

周玉碧

对于普通人来说，寄生这种生存方式似乎和植物没有太多关系，而是多见于动物中，我们熟悉的各种寄生虫便是其中的代表。但事实上，也有很多植物营寄生生活，并且还可以按照营养来源的差异分为全寄生植物和半寄生植物。全寄生植物没有叶绿素，不能独立进行光合作用，完全依赖寄主提供营养，代表植物是菟丝子。半寄生植物有叶子，有叶绿素，但自己制造养分的能力不足，需要从寄主身上获取部分能量，代表植物是槲寄生。本章的主角——锁阳，便是一类全寄生植物。

锁阳是根寄生多年生肉质草本植物，为锁阳科锁阳属（*Cynomorium*），全世界仅有 1 属 2 种，这两个种的学名分别为 *C. coccineum* 和 *C. songaricum*。

C. coccineum 的中文名称为朱红锁阳、欧锁阳或欧洲锁阳，在其分布地被称为 Maltese Mushroom（马耳他蘑菇），主要分布在欧洲地中海沿岸国家，在我国无分布。我国仅分布 1 种，即锁阳（*C. songaricum*），其俗名也被称为乌兰高腰、地毛球、羊锁不拉、琐阳，不同地域的发音也有所不同，例如青海则叫作锁严。锁阳在我国主要分布于青海、内蒙古、新疆、甘肃、宁夏和陕西等省区的荒漠化和半荒漠化地区，在青藏高原地区则主要分布于青海的柴达木盆地、共和盆地和环青海湖地区。

锁阳现已被《国家重点保护野生植物名录》列为国家二级保护植物，在青海省人民政府公布的《青海省重点保护野生植物名录（第一批）》中被列为重点保护野生植物，同时也是青海省九个单位共同认定的青海省主要道地中藏药材——"十八青药"之一。

一、锁阳的生物学特征

锁阳是多年生肉质寄生草本，植株无叶绿素，全株红棕色或黑色，高10~110厘米，大部分埋于沙中。寄生根上长有大小不等的锁阳芽体，一开始近球形，随着生长会变为椭圆形或长柱形，最后形成植株。叶为鳞片状，呈三角形。茎圆柱状，直立、棕褐色，部分锁阳的茎具不定根，茎基部略增粗或膨大。肉穗花序生于茎顶，伸出地面，棒状，长5~30厘米；其上着生非常密集的小花，雄花、雌花和两性花相伴杂生。种子近球形，直径约1毫米，深红色或褐色，种皮坚硬而厚。花期在新疆为每年3到4月，在内蒙古为4到5月，而青海则为5到6月。果期则均顺延一至两个月时间。

锁阳植株　　周玉碧 摄

采集的锁阳（部分有不定根）　周玉碧 摄

野外采集的锁阳种子　周玉碧 摄

二、锁阳的寄生特性

寄生植物寄生在寄主植物地面以上的茎干部分，称为茎寄生；反之，寄生在地面以下的根部，则称为根寄生。而锁阳正是一种根寄生植物。初见锁阳的人，出于其形态和地上部分较少的原因，往往将其错误地认作一种蘑菇，但实际上锁阳是可开花结果的草本植物。

　　因其寄生特性，锁阳的分布与其寄主分布密切相关。锁阳并非单一寄主植物，主要寄生于白刺属（*Nitraria*）的大白刺（*N. roborowskii*）、白刺（*N. tangutorum*）、小果白刺（*N. sibirica*）、泡泡刺（*N. sphaerocarpa*）等植物的根上，偶见寄生于骆驼蓬（*Peganum harmala*）或多裂骆驼蓬（*P.*

大白刺根部寄生的锁阳

多裂骆驼蓬根部寄生的锁阳

霸王根部寄生的锁阳

以上照片均为周玉碧拍摄

锁阳与大白刺根系的寄生点

芦苇穿锁阳而过的样本

无性繁殖的锁阳芽体

采挖"大个子"锁阳

以上照片均为周玉碧拍摄

multisectum），以及霸王（*Zygophyllum xanthoxylum*）的根上。根据寄主分布情况和多年样本采集观察，目前锁阳主要以大白刺、白刺和小果白刺寄生的资源储量较大，市售锁阳药材主要来源于寄生于大白刺的锁阳。传闻锁阳还可寄生于芦苇根部，但笔者考察过程中采挖的生长于芦苇较多地区的锁阳，经解剖后仅见芦苇穿透锁阳而过，未见建立寄生关系的情况。

　　锁阳可通过种子进行繁殖，而锁阳与寄主建立寄生关系后，则主要以分蘖的方式进行无性繁殖。因此，有经验的锁阳"猎人"，常常根据有无以往采挖过的痕迹，来判断地下是否有锁阳。此外，传闻有种神奇的"锁阳虫"，在锁阳种子成熟后，由锁阳埋于地下的茎开始一点一点向上，直至花序，蛀空锁阳，从而使锁阳种子随该孔洞到达寄主根部，然后锁阳种子再次与寄主建立寄生关系。而笔者近二十年来，在采集锁阳及其种子的过程中，尚未发现有上述现象。

三、锁阳对于青藏高原荒漠生态系统的重要性

在青藏高原荒漠生态系统中，物种分布稀疏，因此我们在样方调查中多采用 5 米 ×5 米或更大的样方进行调查，样方中物种数的中值一般为 4，也就是说在荒漠中，在围成 25 平方米的正方形范围内，平均仅出现 4 种植物。而在青藏高原的高寒草甸生态系统中，1 米 ×1 米的样方中出现的物种数一般都在 20 种以上。因此，锁阳随白刺资源分布，增加了高寒荒漠区的物种多样性，尤其在海拔 3600 米的青海省格尔木市纳赤台这样的高寒地区，常年低温且冰雪覆盖，在这里我们也发现了锁阳的身影。而据《青海植物志》记载，锁阳分布海拔最高约 2700 米，我们的这一发现刷新了其分布海拔的上限。

在有着"不毛之地"之称的荒漠中，锁阳露出地面后所绽放的紫红色花序，成为荒漠区的一道亮丽景观，牧区群众形象地将其称为"地毛球"，增加了荒漠的景观多样性。同时，锁阳也是青藏高原荒漠地区藏羚、鹅喉羚、盘羊等食草动物的重要食物来源，在野外常见被啃食掉花序的锁阳。在锁阳出土时的采收季，荒漠中常常能看到扛着铁锹走在羊群后面的牧羊人，他们一般采挖后直接将其扔在羊群中，供羊群食用，这说明锁阳也是荒漠区家畜的重要饲草植物。

研究表明，锁阳对寄主没有致命性的危害，寄生关系发生后可促进寄主植物的根系继续生长，有利于幼苗期寄主植物的存活，是一种典型的植物间互惠共生现象。在科考采样过程中，我们也观察到锁阳寄生后刺激寄主根系生长，以增加寄主吸收土壤养分能力的现象，但锁阳与寄主的相互作用机制及二者的协同演化问题尚需进一步深入研究。锁阳资源多方面的利用价值，极大地促进了其主要寄主白刺的资源保护和繁育生物学研究，也推动了人们探索、认识和利用荒漠植物资源。

锁阳露头期景观　　周玉碧 摄　　　　被锁阳寄生后的大白刺根系　　周玉碧 摄

四、锁阳资源的利用

在锁阳资源考察过程中，我们听到了很多有关锁阳的传说，其中流传最广的和薛仁贵有关。据传说，唐贞观年间，边关地区屡遭异族侵犯，唐太宗派薛仁贵西征，兵至锁阳城（今甘肃省瓜州县城东南约 70 公里的戈壁滩上）时中了埋伏，被哈密国元帅苏宝同（虚构人物）围困于城中，唐军屡次突围不成。而将士们身处大漠，守城内物资匮乏，正一筹莫展之际，薛仁贵无意中得知大漠中有锁阳可充饥，于是命人在大漠中采挖。将士们食用后精神倍增，使得薛仁贵扭转乾坤，与援兵一起打败敌军。后来为了纪念锁阳解将士之困，故将此城改名锁阳城。

以上虽是传说，但也从侧面印证了锁阳是著名的"饥荒"植物，在分布区也有悠久的食用历史，可做成锁阳油饼、锁阳馍馍和锁阳不拉子（青海称谓）等食品，在其采收季会被端上餐桌，成为农牧民群众家里的季节性美食。因此，如果你在西北荒漠地区旅游和进行生态体验，甚至探险时，不要忘记这个深埋于地下的"异宝"。传说尚有不同的版本，但丝绸之路上的锁阳城却真实屹立了千余年之久，锁阳城现为全国重点文物保护单位，并被列入世界文化遗产名录，感兴趣的朋友可前往参观，顺便感受一下西北"大漠孤烟直，长河落日圆"的景象。

此外，也有传说说成吉思汗征战至河西走廊时，突发恶疾，生命垂危。冬至夜，大汗已就寝，睡梦中有一位鹤发童颜的仙者飘然而至，此仙者告诉大汗此病唯九头神药可治。成吉思汗梦醒之后，便命将士遍地搜寻，终于在农历三九的第三天寻得"九头"锁阳一根，食后昏睡三日，醒来病痛全无。"三九三的锁阳赛人参"这一谚语在甘肃河西地区一直流传至今，也形成了甘肃河西及其周边地区农历三九三采锁阳的习俗，当地人认为三九三的锁阳具有治百病、逢凶化吉、镇宅辟邪的功效，更以此作为节庆时的贵重礼物互相馈赠。

笔者在多年锁阳资源的调查研究中，仅采集到过"八头"锁阳，其所谓"头"即为锁阳的花序，其八个花序着生于锁阳肉质茎的顶端。我们对多年来采集的不同头数的锁阳进行了分析，尚未发现其有效成分和营养成分存在显著差异。而三九三采挖的锁阳质量是否较好的疑问，有学者的研究表明，以鞣质、儿茶素和多糖作为其有效成分，出土前期和出土期锁阳药材的质量最好，和采集时间并无显著相关关系。

锁阳是我国的传统中药，《本草

在锁阳城旧址调查锁阳资源（右三为笔者）

周玉碧 供图

"八头"锁阳　　周玉碧 摄

纲目》载其"润燥、养筋、治痿弱",且有"土人掘取洗涤,去皮薄切晒干,以充药货,功力百倍于苁蓉也"之记述。2020版《中国药典》记载其"性甘,温。归肝、肾、大肠经。补肾阳,益精血,润肠通便"。因此,锁阳也招来了过度采挖,甚至在一些地区一度绝迹。

　　过度采挖和不合理的采挖方式会破坏荒漠地表的结构,暴露和损伤了白刺等固沙植物的根系,进而降低了荒漠地区的植被覆盖率,促使生态环境恶化,加速了荒漠化进程。因此,只有通过立法等措施加强对锁阳资源的合理利用和管理,保护好锁阳所赖以生存的荒漠生态系统,才能真正实现对锁阳资源的可持续利用。

本章参考文献

Zucca P, Bellot S, Rescigno A. The modern use of an ancient plant: exploring the antioxidant and nutraceutical potential of the maltese mushroom (*Cynomorium coccineum* L.)[J]. Antioxidants, 2019, 8(8): 289.

常艳旭. 锁阳药材有效成分及指标性成分研究[D]. 内蒙古大学, 2006.

陈金元,陈学林.寄生植物锁阳和肉苁蓉繁殖方式的异同[J].生物学通报,2016,51(06):11-13.

陈金元,陈学林,郭楠楠,等.锁阳和肉苁蓉寄生方式的区别[J].广西植物,2016,36(11):1312-1317+1343.

刘兴义.汉晋表是县和唐锁阳城探原[J].敦煌学辑刊,2001(02):96-101.

第六章　青藏高原的鱼类

刘思嘉

不了解青藏高原的人，一定会以为青藏高原是一片寒冷、缺氧又干燥的不毛之地。实际上，青藏高原可以说是一座天然的巨型"冰雪乐园"，由青藏高原上5万平方千米的山岳冰川组成。这座"冰雪乐园"不仅气势磅礴、巍峨壮美，更是一座巨大的固体水库，是亚洲众多大江、大河的源头。山水远阔，江河滥觞，青藏高原化身为一座平均海拔超过4000米的"超级水塔"，以高屋建瓴之势向四周扩散，中国乃至亚洲的水系布局由此奠定、衍生。

在青藏高原上，每年大约有360亿立方米的冰川融水源源不断地流入山泉溪涧，最终汇聚成江河湖泊。长江、黄河奔流东下，以恢宏之势投入大海；澜沧江、怒江、独龙江、雅鲁藏布江、象泉河、狮泉河及孔雀河流出国门，惠及邻邦；石羊河、黑河、疏勒河一路向北穿过河西走廊；我国最长内流河——塔里木河汇入塔里木盆地；柴达木水系、藏北水系、藏南水系、阿里水系、青海湖水系……汇成了高原各大湖泊。青藏高原的水润泽了众多绿洲，是亚洲几十亿人类和无数生灵的生命源泉。

青藏高原拥有世界上最大的高原湖泊群，数不清的湖泊如繁星洒落人间，为青藏高原蓄积了丰沛的水资源。据2019年数据，青藏高原的湖泊总面积达5万平方千米，比台湾省面积还大，占我国湖泊总面积的52%；水资源总储量约1万亿立方米，占全国湖水储量的70%。

有了高山融雪形成的众多湖泊、河流的滋养，许多不怕高寒、不畏缺氧的特殊生物在这里顽强生长。更神奇的是，青藏高原突进式的抬升隆起，造就了复杂多变的生态环境，为生物的演化提供了广阔的天地，在漫长的自然选择作用下，原生物种不断发展演化，形成了一群高原特有的野生动植物。

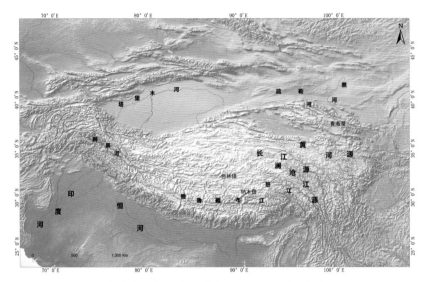

青藏高原主要水系分布图　刘思嘉 绘制

一、水下精灵，高原鱼类

　　青藏高原的鱼类是非常神秘且富有魅力的高原土著动物类群，物种特有化程度很高。数百万年以来，高原鱼类伴随着高原的环境变迁而演化繁衍至今，对高原严寒、低氧、强紫外线且贫瘠的极端生态环境具有与生俱来的适应性。它们世世代代栖息、繁衍在这"世界屋脊"的大江大河中，然而却很少被认识了解，加之当地藏族居民"敬鱼为神"，它们更被视为水中精灵，又增添了高冷而神秘的色彩。19 世纪以前，由于青藏高原特殊的地域环境，交通不便，人迹罕至，加上当时的鱼类研究和标本采集手段还比较落后，绝大部分有关青藏高原鱼类的科考研究仅涉及高原的边缘地带，深入到高原腹地水域的考察极少。19 世纪以后，西方探险家率先踏入高原秘境，采集了大量动植物标本，自此才开始了对高原鱼类真正意义上的科学研究。但直到 20 世纪初叶，直接深入高原腹地进行鱼类调查的工作还不多，到了 20 世纪 50 年代末，我国鱼类学家才逐渐开展青藏高原鱼类研究，对高原鱼类多样性也有了科学的认识，并取得了大量重要研究成果。

目前已知的青藏高原鱼类主要是裂腹鱼类、高原鳅类和鳇鳅（yǎn zhào）鱼类。裂腹鱼类为鲤科裂腹鱼亚科，仅分布在青藏高原及周边地区，在青藏高原分布的共 11 属 70 种，因其个体较大，数量较多，物种多样性丰富，对高原环境适应性强，是青藏高原鱼类的优势类群。高原鳅类为条鳅科高原鳅属，青藏高原常见种类约 34 种，栖息于江河湖泊的缓流底层，以着生藻类为食。鳇鳅鱼类为鳅科，青藏高原分布有 10 属 21 种，鳅科鱼类的分布不如裂腹鱼亚科和条鳅科鱼类广泛，大多数物种分布于青藏高原边缘或毗邻地区。

二、神秘嘉宾，缤纷登场

1. 江河之主——裂腹鱼类

"裂腹鱼"名称的由来与这类鱼的一个特殊结构有关，即它们的腹部至肛门和臀鳍两侧各有一排排列整齐的较大鳞片——臀鳞，两排臀鳞之间形成一条明显的夹缝，乍一看像腹部裂开一样，故名裂腹鱼。裂腹鱼是一个庞大的家族，

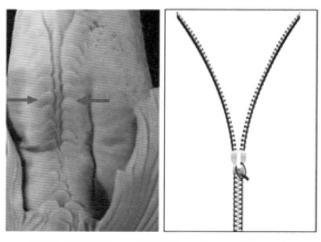

裂腹鱼的臀鳞像一条拉链将腹部分开　　刘思嘉 摄

拥有众多物种，但特化的臀鳞结构是这个家族所共有的，也是区分裂腹鱼类的一个重要特征。臀鳞的结构与裂腹鱼类适应流水环境的繁殖习性有关。裂腹鱼类通常在急流河川内产卵，产卵场的河道底质多为沙砾和碎石。产卵前，亲鱼通过尾部的摆动，以臀鳍和尾鳍在河床掘出小坑，随后雌鱼排出鱼卵，同时，雄鱼完成授精。裂腹鱼卵是微黏的沉性卵，它们落入小坑内完成发育，避免了被水流冲到河流下游不适宜孵化的环境中。臀鳞在亲鱼掘坑时起着保护泄殖孔的作用。

　　裂腹鱼的体形都比较修长，类似于细长的圆筒。这种身形极有利于快速游泳，无论是长时间的连续迁徙，还是爆发式的迅速闪躲，裂腹鱼类都是当之无愧的游泳健将。

裂腹鱼类的体形修长　　刘思嘉 摄

　　这种修长的体形也与它们的生活环境和习性有关。青藏高原地势普遍较高，地形复杂，河流落差较大，因此水流湍急，且河床总是分布有大量边缘尖利的岩石，水下情况复杂。许多裂腹鱼类具有生殖洄游的习性，在繁殖季节会逆流而上，回到出生地繁衍后代。窄而长的体形最大限度地减小了水流冲击的阻力，有利于它们躲避障碍，逆流而上，激流勇进。

　　在体色上，裂腹鱼类很少有鲜艳的颜色，背部躯体多以黄褐色、灰褐色为主，有些物种还有不规则的黑色、褐色斑块或斑点，腹部则一般是白色的。朴素的颜值是一种有效的保护色，与溪石河床的体色相近能够很好地将自己隐藏在环境中，避免被水上捕食者发现。白色的腹部能够反射摄入水中的阳光，可以迷惑喜欢在水下捕食的鸬鹚、鹗鹛等猎手。

青藏高原上的河流（冬季枯水期景观，固流速快而中心未冻结）和
水下环境　　　　　　　　　　刘思嘉 摄

大多数裂腹鱼类没有体鳞，这是适应演化的结果。裂腹鱼类中的裸鲤属、裸裂尻鱼属、黄河鱼属、扁咽齿鱼属和尖裸鲤属等类群都没有体鳞，仅在鳃盖后方和测线前端残存少量细小的鳞片；叶须鱼属、重唇鱼属保留的体鳞较多，一般侧线上至背部覆盖完整的细小鳞片，腹部完全裸露；只有裂腹鱼属的物种周身覆盖了细小鳞片。当然，裂腹鱼家族所有物种都保留了特有的臀鳞结构。

花斑裸鲤（*Gymnocypris eckloni*）
背面（左）和腹面（右）

刘思嘉 摄

大渡软刺裸裂尻鱼（*Schizopygopsis malacanthus chengi*） 刘思嘉 摄

裸腹叶须鱼（*Ptychobarbus kaznakovi*） 刘思嘉 摄

长丝裂腹鱼（*Schizothorax dolichonema*） 刘思嘉 摄

　　裂腹鱼类的祖先都是有鳞片的鱼类，在漫长的演化适应过程中，鳞片慢慢退化掉了。裸露无鳞的身体对适应高原环境有很多好处。首先，体鳞缺失能够更好地适应低温环境。没有了体鳞，身体皮肤不需要特化形成褶皱来固定鳞片，大大减小了体表面积，减少散热。鱼类是变温动物，在漫长寒冷的冬季，裂腹鱼类生理代谢水平降低，它们常蛰伏在水底洞穴、坑洼中过冬，裸露的皮肤更有利于黏液的分泌，这些黏液像一层防护服一样，防止洞穴土壤中的病原微生物接触鱼体。其次，裸露的体表虽然失去了鳞片的物理防护，但也减小了游泳的阻力，增加了身体的灵活性，有利于它们在障碍重重的浅滩、河道中穿行。

鳞片的缺失受到遗传基因的严格调控，但仍偶有返祖现象。例如 1965 年，我国科学家在青海湖流域科考时捕获了 3 条全身披有大鳞片的青海湖裸鲤变异个体，命名为"皮鳞鱼"，目前已被中国科学院西北高原生物研究所标本馆收藏。值得注意的是，在青藏高原其他水域也发现了具有体鳞的裸鲤属或其他物种的特殊个体，在中国科学院西北高原生物研究所高原鱼类种质馆中就饲养着一尾腹部长着明显体鳞的花斑裸鲤，在同批人工繁殖的幼鱼中具有残存体鳞的仅此一尾，十分罕见。这些"皮鳞鱼"证明了现存裂腹鱼类的祖先都是具有体鳞的，只是在适应环境的演化过程中退化掉了。

一尾特别的花斑裸鲤（上）及其腹面残存的鳞片（下）　刘思嘉 摄

　　除了鳞片的缺失，裂腹鱼类口角的触须也退化了，其中裸鲤属、黄河鱼属、裸裂尻鱼属、扁咽齿鱼属等触须完全退化；叶须鱼属、重唇鱼属和裸重唇鱼属保留了 1 对较短的触须；裂腹鱼属形态更近似于祖先，拥有 2 对触须。触须的退化与食性有关，青藏高原气候寒冷，水体中的饵料生物极少，大多是一些营养成分较低的着生藻类，冬季时间长，一年中只有几个月的适宜生长时间。裂腹鱼类需要充分利用短暂的夏季积累营养，耗费精力捕食稀缺的动物性饵料显然是一件既不经济也不明智的事情。因此，裂腹鱼类逐渐演化成杂食性鱼类，主动搜索食物的辅助器官触须便逐渐退化了。

　　食性的转变也导致了裂腹鱼类采食器官结构也发生了特殊的演化。例如用于磨碎食物的下咽齿行数也趋于减少。裂腹鱼类的祖先原本有三行下咽齿，而现在的裸鲤属、裸裂尻鱼属、黄河鱼属、扁咽齿鱼属等只有一行下咽齿，这是因为它们的食性从肉食性转变为以杂食性和植食性为主，下咽齿的功能逐渐被废弃，在数量上越来越少。裸裂尻鱼属和扁咽齿鱼属以着生藻类为主食，为了便于采食附着在石头上的藻类，它们的口位和口部结构也发生了特殊演化。口位趋于下口位，下颌上长有边缘锋利的角质，特殊的角质结构像刮藻刀一样将硅藻从石头上剔除下来，是十分高效的采食工具。

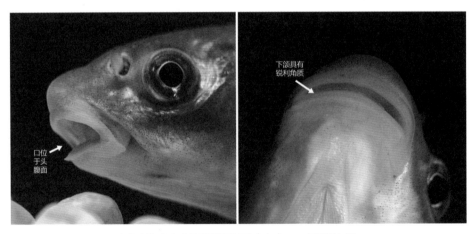

下口位（左）和下颌角质（右）　　刘思嘉 摄

　　值得注意的是，裂腹鱼类还是我国淡水鱼类中为数不多的具有毒性的鱼类之一，大部分裂腹鱼类的卵具有毒性。误食裂腹鱼的卵后，会出现呕吐、腹泻、晕眩、腹痛等症状，且没有针对该毒性物质的解药，2 至 3 天后才能逐渐缓解过来。具有卵毒性的鱼类在繁殖期可以保护自身免受其他动物攻击，同时还可防止所产的卵被其他动物取食。

2. 伏击猎手——高原鳅类

高原鳅隶属条鳅科、高原鳅属，是一个大家族，包含一百多种鱼类，其中不少都是狭域分布，且受关注度较低。本属不仅是条鳅科种类最多的类群，也是条鳅科中最适应高原高寒高海拔环境的一个特殊类群，它和裂腹鱼类、鰕鲦鱼类一起构成了高原鱼类区系的主体。在一些人迹罕至的高原水洼、浅滩中，高原鳅甚至是水域中唯一的鱼类。有些物种分布海拔高度可达 5600 米以上，是世界上已知分布海拔最高的鱼类。

高原鳅类体形一般较小，成体多长 10~20 厘米，它们的游泳能力不如裂腹鱼类，喜欢潜伏在水底，大多是底栖鱼类，栖息于高原山区河流和湖泊的浅滩石砾间。高原鳅的体形都比较细长，能很好地适应急流环境。和裂腹鱼类一样，大多数高原鳅的体鳞也退化了，体表的颜色也和溪涧石砾的颜色相似，多为黄褐色，并分布黑色斑纹。

修长高原鳅（*Triplophysa leptosoma*） 刘思嘉 摄

为了避免被河水冲走，它们演化出具有攀附功能的唇，胸鳍、腹鳍向两边扩张，腹部变得平坦，利于贴附在水底、石头或岩壁上，不易被水流冲走。高原鳅的卵极富黏性，能够黏附在石砾上，避免被湍急的水流冲走。

鳔是鱼类用来控制浮力的器官，鱼类通过调节鳔中的气压让自己在水中完成浮起或沉降的垂直运动，然而多数高原鳅的鳔后室结构发生了退化，有些甚至缺少了膜质的鳔。因此，高原鳅无法悬浮在水体中间或水面，这也是一种适应底栖生活的特征。高原鳅在水底主要以着生藻类和底栖动物为食，口部有三对发达的触须，便于在水底的泥沙中搜索藏匿的摇蚊幼虫、水蚯蚓；它们的肠道长而盘曲，是适应主要取食植物性食物的特征。

高原鳅头腹面（三对触须非常明显）　刘思嘉 摄

似鲇高原鳅（*Triplophysa siluroides*）是体型最大的高原鳅，主要分布在青海省的贵德到甘肃省的靖远一带的黄河上游干支流及附属湖泊中。似鲇高原鳅头部扁宽，口部宽阔似鲇鱼，性情凶猛，偏肉食性，主要以河中的小鱼为食。与其他高原鳅不同，它们身形粗壮，体格庞大，最大个体长度可达50厘米，体重超过1.5千克。似鲇高原鳅不仅个体大，而且肉质细嫩，味道鲜美，在过去曾是产地的主要经济鱼类，但由于滥捕滥捞，导致资源量大幅度下降，数量稀少，其野外种群新增为国家二级重点保护野生动物，被列入《中国濒危动物红皮书名录》。

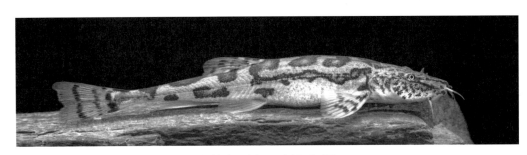

似鲇高原鳅　刘思嘉 摄

3. 抗浪高手——鳅鲱鱼类

鳅鲱鱼类是鲇形目鲱科下的一个自然单元类群，多数为小型鱼类，广泛分布在长江及以南诸水系。在青藏高原分布的主要有 43 种，而它们的分布海拔远远低于裂腹鱼类和高原鳅类。该类群鱼类高度适应流水生活，极度特化，延展扩张的吻须、胸鳍、腹鳍，以及平坦的腹部都是适应急流环境的特征。有些物种在腹部具有特化的羽毛状褶皱，能够像吸盘一样紧紧地吸附在石头上。鳅鲱鱼类主要栖息在水流湍急的小溪石涧，以环节动物和昆虫幼虫为食。

黄石爬鲱（*Euchiloglanis kishinouyei*）头部（左）和腹面（右）　刘思嘉 摄

黄斑褶鲱（*Pseudecheneis sulcatus*）腹面　刘思嘉 摄

三、以天之语，解物之道

1. 高原隆起与鱼类演化

新生代时期印度洋板块与亚欧板块的碰撞引发了青藏高原的快速抬升，将青藏高原与周边低海拔地区隔离。伴随青藏高原的快速隆升，低温、低氧、空气稀薄、强紫外线等极端条件造就了其特殊的生态环境，形成了青藏高原独有的"生态岛"。栖息地被迅速抬升到高海拔地区的鱼类，在与严峻的高原极端环境博弈过程中，积累了适应环境变化的基因和形态特征，演变为新物种。

裂腹鱼的出现和发展，与青藏高原的急剧隆起及随之发生的自然条件的改变息息相关，其系统演化与隆升并进尤为明显。大量研究表明裂腹鱼类是随着青藏高原的形成而出现的，随着高原的不断隆升和生存环境的不断变化，裂腹鱼类的祖先不断适应变化着的环境，逐渐形成了现今高原上能适应不同生存环境的庞大类群。

关于裂腹鱼类的起源，现已明确的是裂腹鱼类起源于某个鲃亚科中原始属的种类，其祖先的样子可能与现今的四须鲃属（*Barbodes*）、突吻鱼属（*Varicorhinus*）和鲃属（*Barbus*）相似。在第三纪，青藏高原尚未隆起前的气候条件与邻近区域无明显差别，气候条件普遍温暖，且分布的多是湖盆宽谷，当时在青藏高原分布的主要是适应静水缓流的鲃亚科鱼类。自第三纪末期开始，青藏高原急剧隆起，并引起环境条件的剧烈改变，原本生活在这里的适应温暖气候和湖泊静水环境的鲃亚科鱼类中的某个类群相应地发生了适应性变化，得以幸存，并随着地理或生境上的隔离，逐步演化为适应寒冷气候和河川急流的原始裂腹鱼类。现存的裂腹鱼类中的裂腹鱼属成员在形态上最接近祖先型，例如它们都有体鳞，有3行下咽齿和2对触须等。

现今的鲃亚科鱼类主要分布在北纬35度以南的亚洲、欧洲南部以及非洲北部，尤其是在东南亚聚集了丰富的类群。在我国四川、云南、湖南、湖北、广东、福建等地分布了许多我国特有的鲃亚科鱼类，许多种类外形亮丽，例如中华倒刺鲃（*Spinibarbus sinensis*）、云南光唇鱼（*Acrossocheilus yunnanensi*）、虹彩光唇鱼（*Acrossocheilus iridescens iridescens*）等，让原生鱼饲养爱好者痴迷。

我国鱼类科学家（曹文宣、陈宜瑜、武云飞、朱松泉等）根据鱼类的形态结构和地理区系，将现存的裂腹鱼类划分为三个等级，分别是原始等级、特化等级和高度特化等级。原始等级的裂腹鱼类主要包括裂腹鱼属和扁吻鱼属的众多物种，裂腹鱼属在形态上更接近鲃亚科的原始种，都具有完整的体鳞，口部 2 对触须，下咽齿 3 行，多分布在青藏高原边缘海拔较低的地区，如甘肃、四川、云南等地。特化等级的裂腹鱼类包括叶须鱼属、重唇鱼属等物种，它们在形态上更像是原始等级到高度特化等级的过渡阶段，部分体鳞缺失，口角生有 1 对触须，下咽齿 2 行，在地理分布上也处于青藏高原的中海拔地区。高度特化等级的裂腹鱼类是真正征服了青藏高原的群体，包括裸鲤属、裸裂尻鱼属、黄河鱼属、扁咽齿鱼属和尖裸鲤属等。它们多分布在青藏高原的高海拔地区，有些物种如小头裸裂尻鱼（*Schizopygopsis microcephalus*）的栖息地海拔高达 5300 米，远远超过了美国科学家认为的鱼类海拔分布极限值（4800 米）。高度特化等级的裂腹鱼类在形态上的特化程度也是最高的，体表裸露无鳞，口角没有触须，下咽齿 1~2 行，这些特化的结构也是对高原极端环境适应的体现。科学家还发现，上述 3 个等级裂腹鱼类的主要物种演化形成的时间、海拔分布与青藏高原地质史上的 3 次剧烈抬升的时间、幅度大致吻合。我们可以从裂腹鱼类物种形成的过程一窥青藏高原阶段性隆升的过程。

值得注意的是，随着分子生物学和基因测序技术的快速发展，我国科学家利用线粒体基因组信息重构了裂腹鱼类的演化过程，发现裂腹鱼类并不是一个单系群，即现在的裂腹鱼类是由不同祖先演化而来的复合类群。其中原始等级裂腹鱼类起源于鲃属的某个祖先物种，而特化及高度特化等级的裂腹鱼类起源于另一种类似现存的鲃亚科鱼类——少鳞舟齿鱼（*Scaphiodonichthys acanthopterus*）。它们的祖先在青藏高原隆起的不同阶段先后迁移至青藏高原，并随着青藏高原的抬升不断地发展、演化，形成了现今的高原裂腹鱼类群。也有证据表明，目前生活在青藏高原的裂腹鱼类仍处于物种分化阶段，很多分类性状仍不稳定，这反映出目前青藏高原的生态环境仍处于较剧烈的变化之中。青藏高原的裂腹鱼类的快速形成和演化为我们提供了一个研究"演化进行时"的巨大实验室。

裂腹鱼类不同等级的形态特征　　本图由刘思嘉拍摄制作

此外，鱼类的分布严格受水系格局的限制，而水系格局变化又受地质事件的制约。剧烈的地质运动如地震等，将鱼类瞬间埋入地层深处，形成大量完整的化石，通过化石研究可揭示诸如古气候、古水系格局、古高度等古环境方面的因素，进而协助重建高原隆升的历史。例如，已发现的全身长有粗骨头的伍氏献文鱼（*Hsianwenia wui*）化石，它曾生活在含钙极高的特殊盐度的水域中，见证了柴达木盆地的干旱化过程；在昆仑山口羌塘组沉积中发现的高原鳅骨骼化石，为科学家们研究青藏高原的隆起速度提供了珍贵的证据。随着第二次青藏高原综合考察研究的深入，未来将有更多的新种和化石被发现，解开高原生命的起源辐射之谜。

2. 气候变迁与物候变化

全球气候变化是个长期的过程，但它每时每刻都在潜移默化地发生着。

在海拔4000多米的高原，长期持续监测气候的变化是件很困难的事，科学家巧妙地将气候变化与鱼类研究相结合，利用鱼类生长的物候变化，来解决这个问题。高原鱼类的生长缓慢，这主要是因为青藏高原气候寒冷，冬季漫长，饵料匮乏，一年中大概只有半年时间适宜鱼类的生长。这种间断性生长的模式，很容易在鱼类的鳞片等坚硬的器官上留下痕迹。鱼鳞的生长痕迹类似于树木的年轮，能够记录下一生的生长轨迹，通过观察分析鳞片年轮环的间距，可以间接了解当年的气候条件，从而反映近期的气候变化。例如，一条30岁的鱼就能在鳞片上记录下这30年的气候变化历史。然而多数高原鱼类的鳞片基本上都退化了，只保留了少量细小的侧线鳞和臀鳞。这些鳞片不是很规则，再加上它们会在繁殖的河床等场所有所磨损，并不适合作为年龄测定的材料。陈毅峰等人则利用裂腹鱼类内耳中的一种坚硬的石灰质结石——耳石，来判断鱼的年龄，并根据耳石打磨后显现的环状纹理来间接分析近年来当地气候的变化特征。

　　将耳石打磨成薄片后，就可以在显微镜下观察到上面如同树木年轮那样疏密相间的生长环，一疏一密就代表一年。其中，围绕耳石核心（又称原基）的第一个生长环的长轴与当年的水温和生长季节长度高度正相关，而原基到第一年环边缘的距离由鱼出生时间和当年生长季节的长短决定。因此结合鱼的年龄和耳石第一环长轴的长度，便可以间接判断鱼出生那年生长季节的长短了。

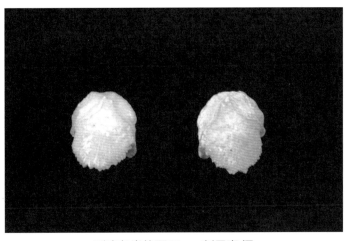

裂腹鱼类的耳石　　刘思嘉 摄

3. 环境适应与遗传密码

除了行为、形态和生理上高原环境适应的特征之外，高原鱼类的染色体数量变异也可能与高原适应有关。高原鱼类中的许多物种都是自然产生的染色体多倍化物种，这在脊椎动物界是很罕见的。目前已知的所有裂腹鱼类都表现出基因组的多倍化现象，且染色体数目在不同物种间差异很大。其中，双须叶须鱼（*Ptychobarbus dipogon*）的染色体数目甚至超过了 400（一般鲤科鱼类染色体数为 50）。多倍化的基因组产生了更多的旁系同源基因和丰富的遗传变异，而丰富的遗传多样性有利于物种对新环境的适应和发展。裂腹鱼类庞杂的染色体多样性和与此相关的演化潜力和环境适应能力或许解释了这一类群鱼类为什么能成为青藏高原及其毗邻地区各水域中的优势类群。

生物的性状是由其基因组中的遗传信息决定的。科学家通过测定和分析全基因组的序列，可以破译这本"天书"的密码，弄清其适应和演化的机制。通过全基因组、转录组测序，可以获得高原鱼类以及低海拔近缘物种的遗传信息，并进一步利用比较基因组学、群体基因组学以及系统生物学的研究策略，开展高原特有鱼类与高原适应相关的基因及其功能研究。研究发现，高原鱼类在适应青藏高原的极端环境方面有一些共同的分子机制：三大类群高原鱼类均显示出全基因组水平的演化速率加快的现象；与低氧代谢和能量代谢相关的基因中出现了正选择和快速演化现象；部分类群具有谱系特异突变基因，比如高原鳅低氧诱导因子 HIF-1A 和 HIF-2B 中的正选择作用位点。

基于全基因组和转录组数据，结合生理、形态的适应特征，科学家最终将会发现高原鱼类适应性形成的遗传驱动力，弄清鱼类形态、生理演化的分子遗传机制。

四、濒危灭绝，绝境逢生

1. 酷鱼滥捞，濒临灭绝

青海湖裸鲤（*Gymnocypris przewalskii*），俗名青海湖湟鱼，是我们最为熟悉的裂腹鱼家族的成员。它不但是我国特有的珍稀动物，也是青海湖唯一具有经济价值的鱼类，曾经也是青藏高原鱼类资源量最大的一种鱼类。自 20 世纪 50 年代起，环青海湖区域内的人口和牲畜量激增，畜牧业和农业快速发展。由于当时生态观念薄弱，人类的生产生活对流域内脆弱的生态环境造成了严重影响，尤其是为农业灌溉修建的拦河坝，导致河道水量下降，洄游通道受阻，青海湖裸鲤的繁殖场受到破坏。可以说，拦河坝是导致青海湖裸鲤资源量下降的主要原因。20 世纪 60 年代，由于自然灾害、粮食绝产等历史原因，青海湖裸鲤一度成为了家庭、食堂的主菜，遭到了疯狂的捕捞，到改革开放初期又成为商品经济的杰出代表，盗捕肆虐。毁灭性的渔业资源开发严重超出了资源的再生补偿速度，青海湖裸鲤资源量迅速衰竭。青海湖低温缺氧、饵料匮乏，青海湖裸鲤的生长十分缓慢，一旦资源枯竭，恢复十分不易，一度濒临灭绝。

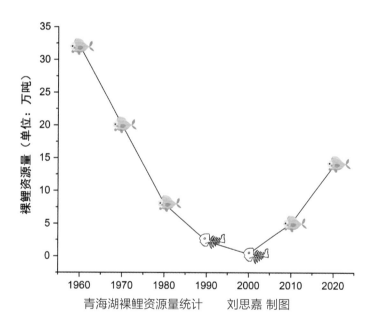

青海湖裸鲤资源量统计　　刘思嘉 制图

　　青海湖裸鲤是青海湖"水—草—鱼—鸟"共生生态系统的重要组成部分。裸鲤资源的枯竭将严重威胁青海湖生态平衡，脆弱的青海湖湿地生态系统岌岌可危。青海湖裸鲤是控制青海湖流域水体藻类数量、避免水体富营养化的重要生态因子。青海湖裸鲤消失后将导致水体藻类疯长，进而覆盖湖面，湖水蒸腾作用减弱，依赖青海湖气候调节的祁连牧场将变得少雨干旱。裸鲤的消失会让夏候鸟没有食物来源，不会再选择青海湖作为繁殖地，没有了鸟粪滋养的青海湖牧场和草场将变得异常贫瘠。更糟糕的是覆盖藻类的水面也阻止了阳光和氧气扩散进水下，底栖生物和水草无法呼吸氧气和光合作用，它们的死亡会分解产生有害物质，引起水质恶化腐败。最终青海湖会变成另一个罗布泊。

　　值得庆幸的是，青海湖流域生态环境不断恶化的状况一直受到党和政府的高度重视。早在 20 世纪 70 年代，青海湖就建立了省级自然保护区。从 20 世纪 80 年代至今，青海省先后六次实施"封湖育鱼"。2002 年，根据资源增殖保护的需要，开始青海湖裸鲤原种人工放流，至今青海湖裸鲤救护中心已成功向青海湖放流青海湖裸鲤种苗 1.56 亿尾。通过长期且有效的保护工作，至 2018 年，青海湖裸鲤的资源总量提升到 8 万吨。青海湖裸鲤也从 2004 年的濒危物种（2004 年《中国物种红色名录》）降级为易危物种（2016 年《中国脊椎动物红色名录》）。

青海湖裸鲤是"水—草—鱼—鸟"生态系统的核心生态物种

（上：健康的生态系统，下：崩溃的生态系统）　刘思嘉 制图

青海湖裸鲤洄游　　刘思嘉 摄

2. 气候变暖，生死攸关

青藏高原是对全球气候变化最为敏感的区域之一。自 20 世纪 80 年代末以来，随着全球气候变暖、全球水循环的加剧，气候变化对青藏高原水资源和水环境的影响日益明显，加速了冰川退缩和湖泊扩张。气候剧变对高原水生生物和食物网会造成怎样的影响，高原鱼类又对气候变化如何响应，我们还没有明确的答案。为了了解环境变化、人类活动等因素对高原水生态的影响，环境、渔政及科研单位多次开展了高原水域的生物资源的本底调查工作。

对高原鱼类数量及种群动态的调查需要多点采样，高原鱼类生性机警敏捷，捕鱼是一项困难的工作。科研人员在不同的水域流段设置地笼、拦河网、鱼花篮等捕鱼工具，并根据鱼类食性投放带有不同气味的诱饵，引诱鱼群涉险进入网篮。网篮的进口大、出口小，一旦进入就无法逃脱，这样的捕鱼方式效率较高，且对鱼体的损伤最小。科研人员通过外部形态对捕获鱼的物种进行初步鉴定，测量体长、体重等生理指标，剪取尾鳍末梢组织后放生。鱼鳍分布的血管和神经较少，能快速再生，少量剪取并不会影响生存。剪取的鱼鳍组织冻存在液氮或浸入酒精中保存，用于提取 DNA。科研人员通过对鱼类的 DNA 测序，能够获得个体的遗传信息，从而明确其物种身份，掌握群体遗传结构和遗传多样性水平。除了调查鱼类资源，科研人员对栖息地的水质环境、底栖生物和浮游动植物进行采样，这些数据间接反映了鱼类的生存环境是否良好，食物资源是否充足等。通过这些科考工作，科研人员能够全面地掌握高原鱼类的物种组成与多样性、地理分布格局和历史变化及现今资源量，并制订保护高原土著鱼类的建议和方案。

值得注意的是，气候变暖引起冰川雪线萎缩，夏季融雪加剧，河道涨水形成大量临时性支流，这可能给鱼类带来灭顶之灾。每到繁殖季节，许多高原鱼类会集结成群逆流而上，寻找水流湍急的河道进行繁殖。在溯河洄游的旅程中，它们很可能错误地选择某条较浅的临时性河道。日落后，高原温度骤降，融雪凝结，水源断流后，河道水位下降，许多临时性河道变成浅滩，鱼群搁浅，最终酿成惨剧。

青藏高原水生生物资源考察（课题组提供照片）

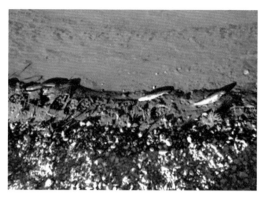

因搁浅死亡的裂腹鱼　　　　　　　河道干涸，鱼卵暴露于浅水洼中

刘思嘉 摄

　　为了避免搁浅事故发生，在每年的鱼类洄游季，地方公安、当地居民以及全国各地的动物保护组织和志愿者都会在洄游河道巡视，护送鱼儿们安全"回家"。然而"大救援"行动并不能从根本上解决问题，在人们看不到的河流、小溪中，悲剧时刻都在发生。只有控制全球碳排放量，减缓全球升温，才是保护高原鱼类多样性的根本办法，而这需要我们每个人的努力。相信随着全球居民生态保护意识的提升、节能减排的普及，动物朋友们可以和我们一起分享这颗蓝色星球。

结语

　　高原鱼类因青藏高原的隆起而生，是大自然对雪域高原的恩赐，它们不仅具有特殊的宗教、文化及科研价值，在维持高原水生态的健康、稳定、可持续发展中也发挥着不可取代的作用。对青藏高原鱼类物种多样性的保护，无疑是一种谦卑、智慧的远见。

本章参考文献

毕黛冉, 吴飞翔, 王宁, 等. 柴达木盆地上新世伍氏献文鱼 (Cyprinidae: Schizothoracinae) 形态学再研究 (英文) [J]. 古脊椎动物学报 (中英文), 2022, 60 (01): 1-28.

曹文宣,陈宜瑜,武云飞,等.裂腹鱼类的起源和演化及其与青藏高原隆起的关系.青藏高原隆起的时代、幅度和形式问题[M].北京:科学出版社,1981.

晁燕,申志新,王国杰,等.拟鲇高原鳅黄河和大通河种群的遗传多样性和分化水平研究[J].安徽农业科学,2011,39(23):14139-14140+14212.

陈毅峰,陈宜瑜.裂腹鱼类(鲤形目:鲤科)系统发育和分布格局的研究II.分布格局与黄河溯源侵袭问题[J].动物分类学报,1998,23(增刊):26-34.

冯晨光,童超,张仁意,等.青藏高原东北部边缘高原鳅属鱼类的多样性与分布格局[J].生物多样性,2017,25(01):53-61.

何德奎,陈毅峰.高度特化等级裂腹鱼类分子系统发育与生物地理学[J].科学通报,2007,52(03):303-312.

何德奎,陈毅峰,陈宜瑜,等.特化等级裂腹鱼类的分子系统发育与青藏高原隆起[J].科学通报,2003,48(22):2354-2362.

乐佩琦.中国动物志,硬骨鱼纲,鲤形目(下卷)[M].北京:科学出版社,2000.

史建全,祁洪芳.青海湖裸鲤增殖放流技术集成及示范[J].青海科技,2018,25(01):24-28.

汤永涛,张宇,周秉正,等.青海祁连山区鱼类资源调查[J].甘肃农业大学学报,2021,56(01):1-7.

田菲,赵凯.青海湖裸鲤高原极端环境适应的基因组基础[C].第八届中国西部动物学学术研讨会会议摘要汇编.2019:98.

武云飞,吴翠珍.青藏高原鱼类[M].成都:四川科学技术出版社,1992.

张弥曼,MIAO DeSui.青藏高原的新生代鱼化石及其古环境意义[J].科学通报,2016,61(09):981-995.

赵凯.青海省野生经济鱼类资源现状和面临的危机[J].青海科技,2006(01):15-19.

第七章 青藏高原的草地卫士——大鵟

李来兴

提到青藏高原上的猛禽，很多人第一时间想到的可能是主要以腐肉为食的鵟类，比如高山兀鹫，也有可能有人想到的是威猛霸气的雕类，比如金雕。但我要和大家所讲的这种猛禽，相对于同地区体型庞大的鹫类和雕类来说，它的体型相对较小，略显低调，在很多人眼里，尤其是当地牧民眼里，它只是一种很普通常见的猛禽。但其实，它的名字也稍微透露着一点霸气——大鵟。

大鵟，是鹰形目鹰科鵟属的一种猛禽，学名是 *Butea hemilasius*，英文名是 Upland Buzard，藏语名称为尼查阿皋（音译，意即蹲在洞口捕捉鼠兔的鹰）。相比较而言，藏语名称最为接地气，直接涉及了它的生活习性，因而为藏区牧民广为流传。

大鵟长什么样呢？

大鵟是一种体型中等的猛禽，体色变异较大，有暗色型和淡色型两种色型。暗色型头、颈羽色较深，具棕黄色羽缘，眼先为白色，尾下覆羽白且沾淡棕色。淡色型头、颈羽色白色，具暗色羽干纹，眼先为黑色，尾下覆羽为白色。这些是两者的主要不同之处。大鵟这么多特点，它们在野外好认吗？其实，在野外用望远镜观察，当发现其特点是虹膜棕色，喙铅灰色，蜡膜和跗跖黄色，爪黑色，就能基本确定是大鵟。在青藏高原的大多数高寒草场，我们能见到的，多数都应该是大鵟。因为在这里，它的近亲不是很多。我们就顺便讲讲它的近亲有哪些。

大鵟　杨涛 摄

在全球范围内，鵟属有 24 种鸟类，在我国有分布的为 6 种，在青藏高原能看到的只有 3 种。分别是大鵟、喜山鵟（*B. burmanicus*）和棕尾鵟（*B. rufinus*）。其中喜山鵟分布在西藏东南部至云南一带，在青藏高原的高寒草甸地区不易见到。棕尾鵟在青藏高原属于迁徙过境鸟类，在迁徙季节比较常见，它与大鵟的最大不同，是尾为深棕色。如果藏族同胞告诉你他家门口天天能看到鵟，或者说它长年生活在高寒草甸的某一处，那就是我们要讲的大鵟了。

叼着猎物的大鵟　杨涛 摄

一、大鵟的生活史

大鵟属于地方性留鸟。非繁殖季节会随着食物资源以及季节的变化进行水平方向的迁移。一般而言，当一个地方的食物资源开始匮乏时，它就会向食物资源相对丰富的地方迁移。如果是在冬季，它会趋向于向低海拔的地方迁移。在度过严寒且缺乏食物的冬季后，大鵟原先独往独行的行为就会改变，开始成双成对地活动。在春季，它的游走性似乎更大，其实这是它们在寻找合适的繁殖栖息地。在自然界中，适合的繁殖栖息地既要食物资源丰富，又要有适合的营巢栖息地，特别是适合做巢的巢址。符合这种要求的小区域可是不多的。所以在春季，也就是在青藏高原的暖季开始的一个多月里，经常见到它们三五成群地在空中翱翔，相互缠绕飞行，其实这是它们以繁殖对为单位，在识别、争夺、标记和保护繁殖领域。在这个时候，一旦繁殖领域确定，而且得到相邻繁殖对的认可，交配行为就开始出现。那些占据最优繁殖领域的繁殖对，往往也是身体最强壮的，其领域内不仅食物资源相对丰富，而且营巢位可能也比较安全，不易被天敌侵扰到。而那些年轻或老弱的繁殖对，占据的繁殖领域质量可能就较差，不是食物资源不够丰富，就是巢位安全性可能较差。还有一些是刚开始配对的年轻繁殖对，和那些特别年老的繁殖对，可能不会获得繁殖领域，也就宣告当年的繁殖失败。在野外调查时我们可以通过羽色和体质来识别年轻繁殖对和年老繁殖对。当然，相互竞争的结果，比如非繁殖个体的多寡，也可帮助我们对大鵟野外种群的结构进行识别，也可以让我们对其繁殖栖息地发生的变化有所察觉。

大鵟的最佳巢址是枯树、电线杆等位置较高的地方。其次是峭壁或断崖的凸起或凹陷部位坎上。较差的则是废弃的低矮房屋的屋顶、残垣断壁或者突兀的土坎。大鵟的巢属于巨大的碗状巢，巢材是一些枯枝、动物骨骼、布片、牛羊毛发等当地所能获得的材料。如今，随着人类活动范围的扩大和污染物的扩散，塑料瓶、牙刷、塑料袋、皮带、鞋、袜、塑料绳索等，甚至眼镜架，也会出现在大鵟的巢材中。

大鵟的巢、巢材和卵　　杨涛 摄

　　一般情况下，大鵟每窝产 4 枚卵。卵呈灰白色且布满褐色斑纹。目前完整的孵化期记录并不多，我们推测从产下第 1 枚卵到 4 枚卵完全孵化出壳，大概需要 5 个星期。大鵟属于晚成鸟，雏鸟出壳后，需要在巢中持续生活一段时间，不会很快离巢。雏鸟的发育速度较快，一般出壳三个星期后便开始离开巢，但多停留在巢附近的安全位置，依然需要亲鸟饲喂。学习自行捕食则需要

大鵟当年刚离巢的雏鸟　　杨涛 摄

在离巢一个月之后。不过在整个育雏期，4 只雏鸟的成活率完全受控于繁殖领域内食物资源的丰富度。我们在野外观察中曾观察到因繁殖领域内的人工灭鼠活动导致该领域大鵟繁殖失败的情况。虽然那对大鵟的 4 枚卵全部成功孵化，但因人工灭鼠导致的食物资源不足，亲鸟不得不放弃育雏。整个巢和雏鸟被放弃，雏鸟的命运也就可想而知。如果育雏期大鵟繁殖领域内的食物资源变化不大，或者甚至有所增长，则 4 只雏鸟均可以成活到育雏期结束，进行自行捕食和开始独立生活。但是，在通常情况下，我们见到的能够成活到自行觅食，顺利度过育雏期的，往往只有 3 只雏鸟。

二、大鵟的栖息地利用特点

如果没有人类的活动干扰，大鵟会不会对上年度的繁殖栖息地进行重复利用呢？我们野外调查的结果是否定的。原来，即便是在上年度大鵟繁殖领域，没有对当地草场进行翻耕种草（或种粮），或进行大面积灭鼠，或土地转用其他用途等，草场从外在景观上没有明显受损，大鵟也基本上不会对该繁殖栖息地进行连续利用。我们比较确定的是，大鵟不会连续对原巢址或巢位进行两次利用。但这并不意味着该巢址就此被废弃，而是会被其他物种所利用。在适当的年份，大鵟也会返回来再次利用此巢址或巢位，建立繁殖领域，开始该年度的繁殖。在青海湖的鸬鹚岛，我们曾记录到一个有趣的现象。一个巢位被大鵟利用后，第二年被一对猎隼利用，而在第三年，该巢位又被大鵟利用，第四年则被一对红隼利用。为什么同一个巢址会出现这种物种间的交替？就大鵟来说，难道其繁殖栖息地也有所谓的"大小年"之说？我们继续往下面看。

首先我们提出了所谓避免连续重复使用同一巢位可以使其摆脱寄生虫或病原体滋扰或感染的假定。但正如我们观察到的那样，巢址并没有被放弃，而是被另一种猛禽所占据。如果说大鵟在与猎隼的搏斗中屈居下风，那么在第三年，应该是猎隼继续使用该巢址才对，然而事实是大鵟再次占据了该巢址。说明这一结果并不是由打斗来决定，而是猎隼的主动放弃。至于寄生虫或病原体的滋扰和感染问题，我们判断应该是在营巢策略和巢材选择等层面进行策略性应对，而不是巢址层面。因为在同类群中，比如说猛禽，种间的抗感染机制和对特定病原体的敏感度，应该是比较一致的。不过这些判断依然需要以后更深入和细化的研究来验证。

基于现有的证据，我们认为大鵟对同一巢址隔年利用的习性，应该另有原因。那会不会是和繁殖栖息地内的食物资源变化有关呢？我们可以从大鵟的食性着手，看看其食物资源是否有"大小年"的问题，是否会影响到大鵟繁殖栖息地的选择，因而才出现了我们看到的隔年利用同一巢址的现象。

三、大鵟的食性

大鵟的藏语名字含义——"蹲在洞口捕捉鼠兔的鹰"，似乎表明大鵟在高寒草甸物种错综复杂的食物网里，是一个具有一定地位的霸主。但具体到它的食谱和对食物的选择嗜好，还是一个严肃的科学问题，需要人们做点分析研究。毕竟，和大鵟同域分布的还有许多其他食肉动物，比如藏狐、猞猁、荒漠猫、香鼬、艾鼬等，它们也会捕捉鼠兔。所以，要确认大鵟—高原鼠兔的捕食者—猎物的关系，最简单的，就是用科学的方法，定性定量地知道大鵟的食物组成和所取食猎物的相对比例。

捕捉到高原鼠兔的大鵟　　杨涛 摄

已往的研究表明，大鵟主要以小型啮齿类动物为食。在我国东北地区，大鵟的食物包括野兔幼崽、沙鼠、黄鼠等。在更北的地区，大鵟食物还包括了旱獭幼崽、云雀、田鹨、蛙类、蜥蜴、蛇等，偶尔也吃昆虫，如步甲、锹甲、蝗虫、叩头虫以及蚂蚁等。在青藏高原地区，大鵟主要取食鼠兔和田鼠。我们对从林业公安查获的 14 个大鵟尸体取出的胃容物和在野外采集到的 118 个大鵟呕吐的食丸进行了分析。结果表明，在胃容物中，按猎物出现概率，高原鼠兔为 28%，青海田鼠为 68%，小型鸟类为 4%。按生物量比重，高原鼠兔为 59%，青海田鼠为 40%，小型鸟类为 1%。在食丸中，按猎物出现概率，高原鼠兔为 70%，青海田鼠为 27%，小型鸟类为 3%。按生物量计算，高原鼠兔为 89%，青海田鼠为 10%，小型鸟类则为 1%。

就食谱中的高原鼠兔而言，两个研究结果的差异为什么会这么大？如果说 14 只大鵟胃容物只是一个瞬时取样的结果，那么，食丸代表了较长时间积累后的最后取样，是不是结果更具代表性呢？其实我们获得的食丸，也有很大的随机性，食物积累的时间不是我们所能控制的。所以其结果，也只能说比胃容物方法的研究结果较好而已。那么，有没有一种更好的技术或方法，使我们对大鵟食性的研究结果更完美呢？这里，我们需要介绍一种新的动物食性或食物网结构的研究方法，这就是稳定性同位素技术。

首先我们需要知道，自然界的化学元素，不少都有自己的"近亲"。这个"近亲"就是质子数相同但中子数不同的元素，我们称它们为同位素。其中有的具有放射性，有的没有放射性。我们把质子数相同、中子数不同且不具有放射性的元素，统称为稳定性同位素。最常见的有 D（^{2}H）和 P（^{1}H），^{13}C 和 ^{12}C，^{18}O 和 ^{16}O，^{15}N 和 ^{14}N，^{34}S 和 ^{32}S 等。

其次，在自然界中，天然物质中各稳定性同位素的丰度是相对恒定的。由于自然界中同位素的自然丰度非常低，所以一般不直接测定轻、重同位素各自的丰度，而是测重、轻同位素的相对丰度或比率。同位素比率 R 表达式如下。

$$R = 重同位素丰度 / 轻同位素丰度$$

但是，通过一系列的自然作用，包括物理、化学和生物学过程，这些丰度就会发生变化。我们将此称为同位素效应。同位素效应的大小通常用分馏系数

α 来表示。

$$\alpha_{Rs/Rp} = Rs \ / \ Rp$$

式中，Rs 和 Rp 分别代表产物和底物的某一元素重、轻同位素丰度之比。

在生态学研究中，人们最感兴趣的是物质稳定性同位素组成的微小变化，所以还采用了一种稳定性同位素比值（δ）。其表达式如下。

$$\delta = [\ (R \text{ 样品} \ / \ R \text{ 标准} -1) \ ] \times 1000$$

它表示样品中两种同位素比值，相对于某一标准对应比值的相对千分差。当δ值大于零时，表示样品的重同位素比标准物富集，当δ值小于零时，则表示样品的重同位素比标准物贫化。

动物食性的稳定性同位素分析技术的基本原理，是基于稳定性同位素的生物分馏效应。稳定性同位素在生物体中经由一系列的生物化学反应，由于稳定性同位素的质量差异等因素，在新陈代谢过程中发生了一系列的生物学分馏，使得其在不同组织间的富集程度发生了变化。在生态系统中，可以把错综复杂的食物网结构，简化梳理成营养层级结构，或简单的食物链结构。稳定性同位素在食物链或营养级之间流动时，就会发生分馏，而且这种分馏系数 α 或分馏的微小变化值δ，对特定物种是相对固定的。也就是说，通过"吃—被吃"，也就是"捕食者—猎物"，或跨一个营养级，就会发生稳定同位素分馏。生物分馏与物种有关，也与同一物种不同组织有关，但其 α 或 δ 都有各自固定的数值分布范围。利用此原理，通过一定的规则，就可以对某一物种的食谱进行定量化分析。

现在再回过来看一下对大鵟食性的定量化分析。我们首先从传统食性研究方法所获得的大鵟食谱中，对相关猎物进行组织取样，同时也对捕食者大鵟进行组织取样。利用已经开发出来的系统测试和分析技术组合，得到了预想的研究结果。我们的定量化研究结果表明，按生物量的贡献，在大鵟的猎物中，高原鼠兔占74.55%，青海田鼠占3.83%，高原鼢鼠占18.38%，小型雀形目鸟类占3.54%。当然，还可以按照食谱中猎物个体的平均生物量，计算出各种猎物的个数比例。但无论如何，在青藏高原地区，高原鼠兔是大鵟的主要食物来源这一结论已经证据确凿。

四、大鵟的捕食策略

大量的野外观察表明，大鵟采取的捕食技巧，就是所谓的"坐等策略"。它在捕食猎物时，会静静地蹲候在高原鼠兔的洞穴出口的背方。这种等待，持续几分钟到几个小时不等。大鵟在这个时候显得很有耐心，除非有干扰，否则它会一直等待到成功捕获高原鼠兔为止。当然，也有等候着又自动放弃的情形。总而言之，大鵟休息时，是蹲在电线杆、断崖端部、残垣断壁上，或者平地上相对较高的制高点上。看到大鵟蹲在草地上，基本上可以认为它就是在捕食。一旦高原鼠兔出洞，大鵟锋利且强壮有力的爪子，就会在瞬间出击，高原鼠兔很少能够逃脱。抓到高原鼠兔的大鵟，会显得比较讲究甚至说有点仁慈，它会叼着或抓着高原鼠兔飞离其洞口，去一个它认为比较合适的地点，杀死并撕裂鼠兔分成小块吞食，而不让这惨烈的一幕发生在这只高原鼠兔的家门口！

高原鼠兔　　杨涛 摄

那么，大鵟的这种捕食策略，怎么可能捕捉到高原鼢鼠、根田鼠，甚至小型雀形目鸟类呢？捕猎这些动物，可需要打洞、追逐、飞掠等行为配合呀！原来，有时在白天，高原鼢鼠因我们所不知的什么原因，会突然从觅食洞道穿破地表而现身，在地面奔跑。我们推测大鵟就是在此情形下，捕捉到比高原鼠兔更肥大的高原鼢鼠，岂有不食之理？根田鼠就更不用说了，白天活动时被那个"大土块"给骗了也不是不可能。那么那些雀形目小鸟呢？大鵟圆而宽大的翅膀，飞掠追捕小鸟可不是它的特长。其实，在高寒草甸，有许多鸟类为了适应这种环境，演化出了一种本能，就是会利用高原鼠兔废弃甚至还在使用的洞穴，来营造自己的地下巢或者栖息场所！这些鸟类有棕颈雪雀、白腰雪雀、穗䳭、漠䳭，甚至地山雀等。

其实，这些小型雀形目鸟类占据高原鼠兔的洞穴，高原鼠兔也不吃亏。因为在它们共用的洞道中，鸟类只占用距离洞道口最近的一个小盲洞。当有香鼬、艾鼬等天敌动物入侵时，往往是这些小型雀形目鸟类首先冲出洞口。如果没有被天敌捕捉到，它们就鸣叫报警，紧接着就是其他同类赶来，组团向天敌进攻，直到这只天敌经不住鸟类这种纠缠不休的骚扰和佯攻而逃遁。而这期间，同洞穴居住的高原鼠兔一家，早已从另外的出口，逃离得不知所踪。我们在调查过程中还曾听藏族老人说，在过去人们挨个往高原鼠兔洞口投灭鼠药物时，高原鼠兔还会背负着棕颈雪雀拼命奔跑，而棕颈雪雀则站在高原鼠兔背上，一边拍打着翅膀一边急促地鸣叫，似乎在告诉当地的其他生灵：快，大家一起逃离这儿吧！

棕颈雪雀　　褚晖 摄

这一现象在野外我们也看到过。除相互报警之外，其他的生物学或生态学意义，目前还不得而知，值得进一步研究。但我们相信这种共生关系，应该是互利共生的。这也至少说明，大鵟以守株待兔式的坐等策略，在高原鼠兔的洞口捕捉到这些小型雀形目鸟类，也是完全合理的。

五、大鵟繁殖栖息地的隔年使用原因分析

在了解到大鵟主要捕食高原鼠兔，并且偶尔捕食其他小型哺乳类和小型雀形目鸟类之后，我们对其繁殖栖息地利用的"大小年"问题，应该怎么理解呢？根据我们在青海湖国家级自然保护区内鸬鹚岛的观察，大鵟的繁殖领域和巢址位居自然保护区的核心区，其群落外貌、动植物多度构成、群落结构、优势种交替和群落演化等内部动态波动，应该是相当稳定的。特别是对于当地的高原鼠兔来说，由于没有进行所谓的"灭鼠"活动，其种群密度一直处于动态平衡中。换句话说，高原鼠兔作为大鵟最主要的食物资源，没有观察到像一些特定植物会隔年丰收隔年歉收的情况，即所谓的"大小年"情况。看来大鵟对其繁殖栖息地的隔年利用，应该另有原因。

那么，是不是大鵟的巢址或者巢位所在的物理条件有周期性变化呢？我们所观察的一个大鵟巢址位于青海湖鸬鹚岛临近湖面的断崖石坎上，距离地面约3米，距离断崖顶部约2米。以这样的位置和高度，人和其他天敌动物，都很难发现和接近，加上保护区对该区域的封闭式管护，更谈不上对其进行袭扰。也就是说，构成大鵟巢位的物理条件以及人为活动干扰等因素，在年周期间的扰动值是相对恒定的，不会发生大的变化，应该也不是导致大鵟隔年利用该繁殖栖息地营巢繁殖的原因。

回到20多年前我们在澜沧江源头杂多县做的一个简单而有趣的实验。我们在澜沧江南岸一大片地形地貌和草地群落结构相似的一级台地上，竖立了若干人工鹰架。这些鹰架的高度和巢架结构等参数也基本一致。最为关键的是，所在地面的高原鼠兔的密度大体一致，平均密度为每公顷6.1只。结果，大鵟宁愿在2公里外的电线杆上做巢，也不肯利用我们设计的更为"适宜"的人工

鹰架。当年冬季，我们采取生物控制等措施，在一号鹰架 2 平方公里范围内，加大放牧强度，使高原鼠兔的密度在第二年春季提高到了每公顷 7~9 只。而在三号鹰架所在的 2 平方公里范围内，从当年夏季开始斑块状补种垂穗披碱草，至第二年春季随机大量放置牛头、羊头大小的石块等，使高原鼠兔的密度降低到了每公顷 2~4 只。而二号鹰架的所在地段没有进行干预，高原鼠兔密度还维持在每公顷 6 只左右。到了第二年三四月份的时候，那对大𫛸放弃了原先电线杆的巢位，直接占据一号鹰架所在的区域，开始营巢并进行繁殖。对它们放弃的那块上年营巢的繁殖栖息地，我们同期调查发现其高原鼠兔密度为每公顷 3~4 只。第一年的结果，我们当时只是认为，人工鹰架可能在很大程度上设计不合理，没有得到大𫛸的认可。但对于第二年的结果，我们认为，大𫛸倾向于选择食物密度较高的生物环境作为自己的繁殖领域。当然，我们也期待能有不一样的解读。只是，这也需要有一定的前提的。比如，巢位或营巢地址具有近似相同的优劣程度。否则，缺乏营巢位的可利用性保证，食物资源再丰富，也不会被大𫛸作为繁殖栖息地加以利用，最多可以作为越冬或春秋迁移季节的过渡性觅食地而已。

栖息在电线杆顶端的大𫛸　杨涛 摄

遗憾的是第一年我们并没有调查大鵟巢址周边的高原鼠兔密度。另外，在观察到第二年大鵟在三号鹰架所在区域进行繁殖后，我们没有继续进行整体的后续研究。因此，上述这一调查研究结果，就有了不大不小的瑕疵，很难对其结果进行进一步的科学意义上的分析。

大鵟繁殖栖息地的隔年使用的意义

尽管如此，这一结果启示我们，大鵟并不是一定要把某一片草场上的高原鼠兔"清零"，而是当猎物密度降低到一定程度之后，这块栖息地就会被放弃作为当年繁殖栖息地，而是作为来年备用。这一"智慧"选择的生态学意义是，备用繁殖栖息地留下来的一部分高原鼠兔，能够作为它们的"庄稼"地里的"种子"，让它们继续生息繁衍。等待其种群密度恢复到一定程度时，大鵟会再次来利用这块草场作为它们的繁殖栖息地。这也许就是对大鵟在青海湖鸬鹚岛繁殖栖息地利用上出现隔年使用现象最合理的解释。

同时，这一结果告诉人们，可以利用大鵟的生物学习性，用于控制草原"鼠害"。也就是说，鹰架在一定程度上可以压制高原鼠兔的密度。但是，人们不要指望有了鹰架，就可以把高原鼠兔彻底"清零"，或永远驱赶出高寒草甸生态系统。鹰架减少高原鼠兔数量是有效的，但其作用也是有限度的，不要过分夸大。更不要人为加大鹰架密度，妄想借此在目标地域招来更多的大鵟，这样做其实是没有科学依据的。大鵟的一个繁殖对完成繁殖周期，对高原鼠兔的需求有一个相对固定的量，高原鼠兔的密度和大鵟的繁殖领域面积只是影响其选择繁殖栖息地的两个变量而已。

六、大鵟受到的主要威胁

大鵟不仅有些普通，而且在长达几十年的高寒草甸管理实践中，它的生态地位和作用也往往被人们所忽视。甚至在一段时间里，大鵟被大量捕杀，做成生态标本出售，作为富有人家的镇宅之"宝"。当时甚至还美其名曰"生物资源开发"，使对大鵟的捕杀几乎接近公开化。而在同年代，甚至更长时间里，大鵟

大鵟及巢中雏鸟　　杨涛 摄

的主要食物资源——高原鼠兔，被大规模、长周期、清零式地有组织、有任务、有计划地持续灭杀。另外，房顶上的大鵟巢被拆除也是再正常不过的事。电力系统、电信系统等经常要花费大量人力和物力去拆除高压杆、通信电缆杆上的大鵟巢。前面提及，大鵟是晚成鸟，其雏鸟会在出生后很长的一段时间里需要亲鸟的饲喂，还不具备熟练的飞行和自行觅食能力。虽然其个头已经接近亲鸟，且羽毛丰满，还会自行躲避天敌的捕食，但是其避开人类捕捉的本领还是很弱，往往是偷猎贩卖野生动物的不法分子的最佳捕猎对象。虽然近数十年，随着相关法律法规的实施和环境保护及科普的大力宣传，人们对野生动物的保护意识在不断提高，一些不法行为事件已经大大减少，但是，不少对大鵟的侵害行为还在持续。甚至有些会借口"学术上有争议""只是个别人的学术观点"等堂而皇之的理由，继续侵害大鵟的生存。例如，草原管理中的所谓的"鼠害控制"行为，实则依然是"灭鼠"活动，直到2022年春季，这一行为还在继续。不得不说，在建设青海国家公园示范省的社会实践中，存在这种现象确实是一种悲哀。当然，如果人们能"智慧"而精细地在草地生态系统管理中善待每一个物种，包括高原鼠兔，我们自然是求之不得的。但是，这也并不意味着人工管理措施能取代大鵟的生态地位和作用。这一物种的生物学和生态学意义，到目前为止，还揭示得不够充分。但无论如何，对其口头上要加以保护而实则"断水断粮"，这不是人为制造大鵟的生存危机吗？

有人会问，既然如此，大鵟不是还没有被人类搞灭绝吗？其实从科学的角度看，这要归功于它的猎物——高原鼠兔的顽强生命力。高原鼠兔在长期的演化中，练就了应对诸多"灭顶之灾"的本领，包括其自然种群在接近生存所需的最小种群规模之前，其繁殖冗余即繁殖潜能被触发。比如在人类"灭鼠"后，高原鼠兔的繁殖潜能随即被触发，其种群在"灭鼠"后的2~3年内，暴发式地达到甚至超过其被"灭鼠"前的密度。还有一些习性，至今人类对其意义并不十分了解，但至少是其生存策略的一部分。比如，高原鼠兔可有可无的季节性或非季节性迁徙。根据我们在杂多县的观察，在深秋季节，当地分布在较高海拔栖息地的高原鼠兔会顺着山沟持续向低海拔河谷地带迁徙，而在春季

蹲在洞口的高原鼠兔　　赵成香 摄

冰雪消融时期，高原鼠兔又成批地向高海拔迁徙。更为神奇的是另一种"迁徙"现象，即在一个区域进行"灭鼠"活动时，另一个不相关联的地区会发生大规模高原鼠兔的"迁徙"。这就是前文提及的，藏族牧民讲述的棕颈雪雀站在高原鼠兔的背上，鸣叫着拍打翅膀，"督促"高原鼠兔"逃跑"的情景。还有，习以为常的"兔子不吃窝边草"，在高原鼠兔身上就不是这样，虽然它也是兔形目动物，却偏偏要吃窝边草，而且要吃得精光！这就是它的所谓的刈草行为。当然，这里的"吃"，也许改为"修理"更为妥当。高原鼠兔的寿命通常不会超过 2 个繁殖季节，也就是说，平均年龄也就 1.5 岁左右，短暂的寿命似乎很难抵抗环境的变化。总之，不管高原鼠兔的生存环境如何艰难，现实情况是高原鼠兔依然在持续存活着，而且也不像是一个会衰败的种群，依然生机勃勃。

除了主要食物资源的持续满足，还有其他不少可替代的食物"供应"，这些也许是大鵟能够在青藏高原高寒草甸生态系统顽强生存下来的根本原因。既然如此，大鵟有灭绝风险吗？有必要对其进行保护吗？答案是肯定的。

七、大鵟的保护措施

长期粗放且不合理的高寒草甸生态系统管理，其后续性问题还没有得到足够的重视和体现。比如面源上的污染，包括放牧羊群药浴后的药浴池残留药液的无规则排放，草原灭鼠药物的残留等。虽然最近的灭鼠药物改进，减少了二次中毒，但对非靶向动物的灭杀却还没有消除对策。在退化草地治理的补播种草过程中，农药拌种也依然盛行。这些行为不可避免地会伤害到大鵟的食物资源。但最严重或被忽略的是各种残毒成分，包括重金属等，残留在土壤中，经过食物链，最终会在大鵟这一顶级捕食者体内长期积累，达到削弱甚至灭绝其种群的严重后果。灭鼠、除草等"灭杀"指向性农药的停用和面源污染控制，是保护大鵟的重要措施。

另外，高寒草甸生态系统中长期的垃圾污染问题导致的慢性中毒和危害等生态问题，愈来愈突出。单从大鵟营巢中使用的巢材来看，近几十年来愈来愈严重。天然的巢材逐渐被人类的生活垃圾所取代。就连最偏远的人烟稀少的区域，依然可见那些连我们人类都认为不可能有的垃圾，甚至还成了大鵟的普通巢材。在接近交通线或人烟相对稠密的区域，垃圾成了大鵟繁殖时营巢的主要巢材。这种逐渐依赖垃圾完成世代传递的生活史中最敏感和最艰巨的繁殖任务，最终有可能会导致其种群被垃圾所摧毁。我们必须意识到这种危机。青藏高原高寒地区的垃圾管理是保护大鵟的有效措施。

对其食物资源的破坏问题，前面已经反复提及。草地"灭鼠"其实是涉及大鵟生死存亡的关键性问题。当然，这也涉及了许多以高原鼠兔为食的肉食性动物的食物资源问题。实际上，这是目前危及大鵟生存的最大最严重的问题。如果要用最简单的一句话来概括如何进行对大鵟的保护，答案只有一个，也非常简单，这就是：立即停止人类的草原灭鼠行为！

大鵟，确实亟需人类的保护。而且这种保护，需要用科学的态度，在促进人类社会持续发展和与自然和谐共存的前提下，谨小慎微地渐进式进行。大鵟，你会继续在高寒草甸生态系统中普通地持续存在吗？你会在不远的将来，被列入濒危等级中更高一级吗？希望我们一起努力，让青藏高原上的草地卫士——大鵟更好地发挥其在草地生态系统中的作用。

本章参考文献

Li L X, Yi X F, Li M C, *et al*. Analysis of diets of upland buzzards using stable carbon and nitrogen isotopes[J]. Israel Journal of Ecology and Evolution, 2004, 50(1):75-85.

李来兴, 李明财, 易现峰, 等. 普通大鵟(*Buteo hemilasius*)捕食策略与守候位置选择研究[C]// . 第八届中国动物学会鸟类学分会全国代表大会暨第六届海峡两岸鸟类学研讨会论文集. 中国动物学会鸟类学分会, 2005: 182-184.

李来兴, 易现峰, 李明财, 等. 普通大鵟胃容物和食茧分析[J]. 动物学研究, 2004, 25(2): 162-165.

易现峰, 李来兴, 张晓爱, 等. 大鵟的食性改变: 来自稳定性碳同位素的证据(英文)[J]. 动物学报, 2003, 49(06): 764-768.

易现峰,李来兴,张晓爱,等.人工食物对高原鼠兔稳定性碳和氮同位素组成的影响［J］.动物
　　学研究,2004,25(03):232-235.

易现峰,张晓爱,李来兴,等.高寒草甸生态系统食物链结构分析——来自稳定性碳同位素的
　　证据［J］.动物学研究,2004,25(01):1-6.

中国科学院西北高原生物研究所.青海经济动物志［M］.西宁:青海人民出版社,1989.

第八章　青藏高原的"鼠类"

曲家鹏

在东汉许慎编著的《说文解字》一书中，对鼠的解释是"鼠，穴虫之总名也"。我国著名兽类学家、中国科学院西北高原生物研究所第三任所长夏武平先生对此解读为"鼠类是以穴居为主的小型哺乳动物，包括啮齿目、食虫目、攀鼩目、食肉目（鼬科），以及兔形目的鼠兔科动物"。这一解读可以看作是对鼠类的广义解读，而狭义上的鼠类则指的是哺乳纲啮齿目的动物。本章所要讲述的"鼠类"则是包括了啮齿目和兔形目鼠兔科的动物。这些"鼠类"虽然可能有些不起眼，但却是青藏高原上重要的生物类群，在维持青藏高原整个草地生态系统多样性和稳定性等方面起着举足轻重的作用。据估计，青藏高原有12亿只高原鼠兔，1.6亿只高原鼢鼠，总数达到13.6亿只。此外，还分布有长尾仓鼠、青海田鼠、根田鼠、喜马拉雅旱獭等。

鼠类作为青藏高原草地生态系统组成的重要动物类群之一，被称为青藏高原草地生态系统的"关键种"和"异源工程师"。首先，鼠类是草地生态系统食物链的重要环节。草原鼠类属于小型哺乳动物，适合洞穴生活，分布于各类草地生态系统。鼠类以植物为主要食物来源，同时捕食昆虫等小动物，在草原生态系统中既是初级消费者，也是次级消费者。鼠类还是青藏高原90%以上食肉动物的重要食物来源，其数量的变化直接影响草原上食肉动物的种群数量变化。其次，在树木稀少的青藏高原，鼠类为许多鸟类、两栖类和爬行类提供了重要的"避难所"，诸如雪雀、地山雀、青海沙蜥等都可以利用鼠类洞穴生

117

存。再次，鼠类维持着青藏高原草地生态系统的稳定。在草地生态系统中，鼠类对草地生态系统平衡的维持具有举足轻重的地位。动物、植物的组成种类和数量的相对稳定，以及物质循环、能量流动的相对平衡是草地生态系统平衡建立的基础。在草地生态系统中，某种动物数量的快速减少或者增加，都会对整个食物链产生影响，以致草地生态系统失去平衡。鼠类的存在，可以调节植物物种之间的竞争；同时，作为草地生态系统的初级消费者，鼠类是次级消费者（如猛禽、狼、狐、熊等）的主要食物来源。在正常情况下，鼠类的数量和天敌的数量相对稳定。当天敌数量下降、人为干扰加剧时，鼠类数量剧增，草地生态平衡被打破，牧草生长受到制约，导致草地退化与水土流失，进而影响青藏高原草地生态系统。

一、高原鼠兔是鼠，还是兔？

《宠物小精灵》动画片中，有一只可爱的小精灵——皮卡丘，这个名字来源于日语 pika（电火花的响声）和 chu（老鼠的叫声），非常受小朋友的喜爱。皮卡丘的原型是什么呢？据皮卡丘的设计者西田敦子所说，她创作皮卡丘的时候参考的动物是松鼠。但如果看看皮卡丘萌萌的脸蛋，其实和鼠兔也是有些相似的。

鼠兔　杨涛 摄

高原鼠兔   曲家鹏 摄

啮齿动物包括兔形目和啮齿目，其中，兔形目的动物俗称兔，啮齿目的动物俗称鼠。兔形目下有兔科和鼠兔科，两者的远祖可追溯到1400万年前。鼠兔的习性如鼠，形似兔，故而得名。在我国西北地区的草原上，牧民把鼠兔叫作"阿乌拉"，青海有些地区的牧民，也把鼠兔叫作"兔鼠"。

关于鼠兔的分类，学界还存在一些不同的观点。根据中国科学院昆明动物研究所蒋学龙研究员和四川省林业科学研究院研究员刘少英教授的研究，全球鼠兔科有1个属5个亚属，共计32个种类，另有2种分类地位待定。除2种分布于北美洲外，其余都分布于亚洲。高原鼠兔作为鼠兔科的原始物种，是伴随青藏高原隆升而形成的，也是此地分布范围最广、数量最多的物种。

1. 高原鼠兔是敌是友？

青藏高原的生态环境非常恶劣，高寒低氧，但这种小型哺乳动物演化适应得非常成功。从海拔3000米至5000多米的草甸区，都能看到它们的身影，尤其在广大牧区，这些小动物们更是随处可见。

随处可见的高原鼠兔洞　　曲家鹏 摄

退化草地上的高原鼠兔　　曲家鹏 摄

高寒草甸是青藏高原地区农牧业发展最重要的物质基础，如果草场严重退化，不仅会破坏草地生态系统，更会影响到牧区的生产生活。时至今天，我国近三分之一的高寒草甸发生了不同程度的退化。鼠兔会啃食草叶、草根，而且掘洞翻土。人们发现，大量鼠兔生存的区域，放眼望去就是一片黑漆漆的"黑土滩"。这种直观感受，使得鼠兔和草场退化被牢牢地绑定在一起。于是，从20世纪60年代起，政府就开始了大规模消灭高原鼠兔的运动。

最早为高原鼠兔辩护的，是美国亚利桑那州立大学生命科学学院教授、世界自然保护联盟物种生存委员会兔形目专家组主席安德鲁·史密斯，还有著名的动物学家乔治·夏勒，夏勒博士甚至专门为高原鼠兔写了一本绘本

本章作者（左）和安德鲁·史密斯　曲家鹏 供图

《好鼠兔》。在他们看来，鼠兔不仅无害，而且是高寒草甸区的"关键种"。越来越多的国内学者经过研究也改变了此前对鼠兔的误解。当鼠兔种群暴发、数量过多时，会危害草地生态系统，加剧草地退化，可能对草地不利；但适量鼠兔的存在，会有利于草地生态系统健康、可持续发展，因此鼠兔也被称为青藏高原草地生态系统的"关键种"。

2. 什么是关键种，鼠兔关键在哪里？

首先，在青藏高原这样特殊的环境里，小型哺乳动物相对稀缺，鼠兔几乎成为了高原上所有食肉动物的猎物，狼、狐狸、隼、鹰等动物都主要依赖鼠兔生存。香鼬、艾鼬甚至还会进洞捕杀，把洞道系统内的鼠兔家族"一锅端"。也正是为了适应这种高捕食压力，鼠兔的繁殖能力很强，数量很多。

其次，由于高原环境缺乏树木，鼠兔挖掘的洞穴为很多鸟类，尤其是雀形目的鸟类，以及爬行类提供了重要的隐蔽场所和栖息地。一旦鼠兔被灭，留下的洞穴缺乏维护就会很快坍塌，那些物种也就失去了它们的家。

再次，由于补偿效应，鼠兔啃食草叶反而会刺激植物生长；鼠兔的粪尿等排泄物可以改善土壤营养成分；鼠兔打洞可以帮助翻新土壤，加快土壤的物质循环。洞穴在增加土壤通透性的同时，还会加速水分下渗，从而提高土壤的固水能力和含水量。

一只刚刚捕获了高原鼠兔的香鼬却落入了科研人员捕捉高原鼠兔的陷阱　　曲家鹏 摄

"鼠鸟同穴"——在鼠兔洞中的白腰雪雀幼鸟　　曲家鹏 摄

从 20 世纪 60 年代以来，青藏高原地区人口增长，家畜增多，畜牧业发展迅速。随着研究的深入，研究人员意识到，过度放牧才可能是造成草场退化最主要的原因。由于过度放牧，植被的高度、覆盖度下降，毒杂草比例增加，而这恰恰是鼠兔最喜欢的生长环境。有研究显示，越是在重度、次重度的放牧区，鼠害越严重。因此，一种新的观点开始出现：高原鼠兔并非是引起草地退化的原因，而是草地退化的结果。而且，鉴于它在高原草地生态系统中的地位，灭鼠只会适得其反。

3. 鼠兔真的"胆小如鼠"吗？

鼠兔是典型的社会性动物。它们以家族为单位，活动面积约 100~200 平方米。一个鼠兔家族大概由两三只雄性搭配两三只雌性和一些幼崽构成。其中一只主雄会成为家族的老大，拥有交配的主导权。鼠兔的领地意识很强，不同家族之间的洞穴系统会有界限分割，但彼此之间又有重叠。有时能看到，一只鼠兔怒气冲冲地追着一个误入领地的"冒失鬼"，风一样地奔跑，直到把它轰走为止。此外，为了捍卫主权，大打出手的情况也是有的。

争斗的两只高原鼠兔　　曲家鹏 摄

作为一种社会性群居动物，鼠兔的警觉性很强，同时好奇心也很重，谈不上"胆小如鼠"。在繁殖季节，社群中的主雄会频繁地发出"长鸣声"，警告其他个体"这是它的地盘"。对新鲜的事物，鼠兔也会试探性地接触。有一次，我在野外考察时坐下来休息，旁边的一只鼠兔好奇地来到我的身边，啃起了我的望远镜，最后我甚至可以轻轻地触碰它。后来，它可能意识到了自己的冒失，就飞一样地逃跑了……

一只"冒失"的高原鼠兔　　曲家鹏 摄

4. 鼠兔吃自己的粪便吗？

食粪行为是指动物取食粪便的行为，在动物中很常见。食粪行为包括取食自己的粪便和其他动物的粪便（种内的和种间的）。许多小型哺乳动物会通过食粪行为来满足自身对营养的需求。食粪行为除了重吸收一些基础营养物质，还可为动物提供必需的氨基酸、维生素 B、维生素 K 等。此外，食粪行为还可以帮助食草动物获取必要的肠道菌群，保持肠道菌群的多样性和功能。

近年来，中国科学院动物研究所的王德华研究员团队在动物食粪行为上做了很多研究。他们发现，禁止食粪行为降低了布氏田鼠肠道菌群的多样性，改变了细菌的丰富度，还会使食物摄入量增加，但导致布氏田鼠体重降低，盲肠内容物短链脂肪酸含量降低，认知能力和记忆力等下降。

鼠兔的盲肠在消化过程中会分解出大量营养物和蛋白质，这些都富含在盲肠的粪便内，若直接排出体外，就会丢失大量营养物质，所以鼠兔也会吞食自己的粪便。这是一种重新获得营养的方法，是动物为适应恶劣环境所形成的生物学特性。

5. 生活在岩石缝隙的物种

鼠兔有三种栖息地类型：草原型、森林型和岩石型。其中最多的就是草原型，例如高原鼠兔等，繁殖快、数量多。近年来，四川省林业科学研究院刘少英教授等新发现的 5 种鼠兔（黄龙鼠兔、循化鼠兔、雅鲁藏布鼠兔、扁颅鼠兔、大巴山鼠兔），都属于典型的森林型鼠兔：分布区域海拔较低，且以森林为栖息地。其中的循化鼠兔就是在青海省循化地区的森林里发现的。

除了草原型和森林型外，还有一些鼠兔属于岩石型。例如青海红土山分布的红耳鼠兔，就栖息在高山砾石和裸岩地带，它的跳跃能力非常强，可以轻松地跳 1 米多高。分布在青藏高原东南缘干旱河谷里的川西鼠兔，也喜欢在多石的环境中生活。分布在美国、加拿大北部高山地区的北美鼠兔，也是岩石型鼠兔，主要栖息在科迪勒拉山系和落基山脉等高山地区内的孤立岩石地带。2014年，新疆环境保护科学研究院副研究员、新疆生态学会副秘书长李维东在天山重新发现的伊犁鼠兔，也是岩石型。

川西鼠兔　胡运彪 摄

和草原型鼠兔相比，森林型和岩石型的鼠兔繁殖力低、寿命长、数量稀少，很多都是保护动物，例如伊犁鼠兔被列入《中国物种红色名录》，也是国家二级重点保护野生动物。世界自然保护联盟还把 7 月 24 日定为"拯救伊犁鼠兔日"。

二、高原鼢鼠——地下挖掘机

1. 鼹鼠？鼢鼠！

家里到处作祟的老鼠大家见得多了，对于鼹鼠、鼢鼠这两种地里作怪的小动物，城镇里的朋友们可能就有些陌生了，但对于很多果农、菜农或者中草药种植户来说，却再熟悉不过了。

近几年，鼢鼠和鼹鼠在我国部分地区发生比较严重，对农业生产构成了一定的危害。由于这两种鼠有相似的体态特征，并都在地下危害，因此在识别上有一定的困难，给治理工作带来了一定的难度，你知道下面是鼹鼠还是鼢鼠吗？

高原鼢鼠的吻部平，眼睛退化　　曲家鹏 摄

看起来像是同鼹鼠一样会挖洞的，但其实它是鼢鼠。怎么分辨呢？前文所述，广义上的鼠类动物主要包括啮齿目和兔形目两个目，食虫目的一些种类由于形态与鼠类接近也被列入广义的鼠类范围。鼹鼠属于食虫目，头部比较尖，有着较长的吻部。鼢鼠则属于啮齿目，上下颌各有一对门齿，无根，能终生生长，没有犬齿。鼹鼠主要以昆虫等无脊椎动物为食，鼢鼠则主要取食植物的地下茎和块根。鼹鼠的洞相对浅一些，土丘也小；鼢鼠的洞深些，土丘大。

高原鼢鼠挖洞形成的土丘　　曲家鹏 摄

鼢鼠的生活习性有五大特点：一是喜好在地底生活，到处挖洞，寻找到土壤潮湿、疏松的地方后，才满心欢喜地安家。二是喜欢一个"鼠"待着，属于"闷油瓶"，雌、雄独居，到了交配的季节，才会双双走到一起。三是喜黑暗安静的环境，长时期的地底生活导致其眼睛退化，视力变差，更多地依靠耳朵搜集信息，所以耳朵变得灵敏，对于稍微嘈杂一点的活动都很敏锐，容易受到惊吓。四是素食，喜欢吃草根和块茎，用它们高超的挖洞技巧，在地底挖洞，寻觅食物。五是它们的身体强壮，很少生病，抗病力较强，到了冬天也不会像有的鼠类一样冬眠，而是"醒着"过冬。

鼢鼠在生物学界里一直很难找到一个稳定的"家族"，简单说就是人们一直在争论鼢鼠到底是属于哪一类的鼠。鼢鼠亚科先后被划入鼠科、鼹形鼠科和仓鼠科。但观察它们的头骨，还是有着特别的特性，有学者认为鼢鼠是相对于鼠科独立发展的一个类群，而且与仓鼠科的其他种类一样也是独立演化的。最近的分子学研究也指出鼢鼠应划归仓鼠科，或者与同其关系最近的亲戚——竹鼠，一同归入鼹形鼠科中。

2. 高原鼢鼠真的只是害鼠吗？

高原鼢鼠是由青藏高原特殊的环境孕育的特有鼠种，和其他鼢鼠一样，喜欢在地下生活，喜好的食物也大同小异，也喜欢吃植物的根茎。它们主要分布在青藏高原，在草地、农田生态系统中具有重要的功能和地位，有着地面植食性动物——例如牛、羊、马之类——无法替代的作用。然而，当高原鼢鼠数量过多时，草地上的生态平衡就会被打破，进而可能形成草地鼠害。在鼠害严重危害区会形成次生裸地（黑土滩、鼠荒地等），严重威胁着草地生态环境安全。这样看来，高原鼢鼠真是有害无利，是危害环境的害鼠。但事实真是如此吗？

表面上看，高原鼢鼠常年都在地底下生活，到处挖洞，吃植物的根、茎等部位，把土壤和植物破坏得乱七八糟。事实上，它们也确实杀死了很多植物，造成了草地裸露，导致了禾本科等优良牧草植被盖度明显下降。

但从另一方面讲，它们的这种行为，反而有利于提高青藏高原高寒草甸和草地植物群落的多样性，让草地上的植物种类变得更加丰富。

为什么会这样呢？这要结合人类的放牧活动来分析。放牧导致植物地上部分被过度啃食，因而改变了植物从太阳获取能量的效率，也就是光合作用效率。地上的营养不够了，那植物们只能转而进行地下的营养争夺战。一些植物在这场激烈的生存战中被淘汰，而留下来的植物，例如细叶亚菊、棘豆、摩岭草等，多数都是高原鼢鼠喜爱的食物。鼢鼠们吃饱喝足，就开始无忧无虑地繁殖后代。当鼢鼠的数量变得多起来后，整个族群所需要的口粮变多，在草地里的住房变得拥挤，到处都是它们的鼠丘，这使得鼢鼠们的主要食物——直根类植物又被过度消耗。食物变少了，鼢鼠的数量也就下降下来。这样，新一轮的植物群落更替又开始了。

所以说，和高原鼠兔一样，高原鼢鼠并不是高寒草甸或草地退化的始作俑者，只不过是加速了已退化的高寒草甸或草地的退化过程。

3. 挖洞能手

高原鼢鼠喜欢在高寒草甸、草滩和阳坡草场栖息。它会选择在土层较厚、土质松软湿润以及周围食物丰富的地方打洞造窝。

高原鼢鼠打洞的技术十分高超。这得益于它们的身体结构，经过长时间的演化，它们那如同铲子一般的前脚变得很大并且向外翻，并装备上了有力的尖锐爪子；它们那如水桶般的上半身并不是因为伙食太好而"胖得没脖子"，这种头紧贴着肩膀的构造，让它们的骨架矮小扁平，在刨土的时候便派上用场，强劲有力，左摇右晃就把前方的新土拨到了旁边。

得天独厚的身体条件使得高原鼢鼠就如同"地下挖掘机"一般，速度快到接近一米的洞穴，它可以在十几分钟内完成挖掘工作。建造家园是它们的工作也是它们的乐趣所在。所以在草地上，我们时不时就能看到的鼠丘，说不定就是某个小家伙的门口呢。

不仅是"地下挖掘机"，高原鼢鼠在建筑上的造诣也不遑多让。即便是在地底，高原鼢鼠的洞穴也复杂多变、五脏俱全。不仅房屋面积管够，更重要的是，内部设施，包括觅食通道、卧室、仓库、厕所等，一应俱全。不同功能的区域，在结构设计上也非常细化。比如，觅食通路一般交错迂回，与地面保持平行，方便取食的同时，也保障了自身的安全；而仓库与厕所就设置在卧室的附近，也是为了方便；卧室则通过盘旋层叠的洞道与觅食道路连接起来，形成鼢鼠自成体系的交通网络。

在平常的日子里，它们会将对外的洞口封闭，吃饱穿暖，享受生活，为以后传宗接代静静做准备。这样上下立体、功能齐全的房屋，还不能称为杰作吗？

三、人类与鼠类的爱恨情仇

人类与啮齿类动物的斗争已有数千年的历史，早在《诗经·魏风·硕鼠》中就提到了鼠类对人类生活的危害。18世纪末，清代诗人师道南在《鼠死行》中写道："东死鼠，西死鼠，人见死鼠如见虎。鼠死不几日，人死如圻堵。……"描述了鼠类大发生引起鼠疫流行病的惨状。

全世界的鼠类有 2200 多种，我国的鼠类有 200 多种，有一半左右的鼠类可以传播各种疾病，其中危险等级最高的传染病有霍乱和鼠疫。鼠疫从动物传染给人一般是通过鼠蚤叮咬皮肤。携带鼠疫杆菌的鼠蚤叮咬人后，鼠疫杆菌从皮肤侵入身体，引起淋巴结炎症反应，导致人出现高热和淋巴结肿痛，也就是腺鼠疫。腺鼠疫的患者如果没有及时治疗，肿痛的淋巴结可能会化脓和破溃，播散到血液和肺部，成为肺鼠疫。肺鼠疫患者的呼吸道分泌物里也会有鼠疫杆菌，并且具有很强的传染性，在人与人之间传播的鼠疫主要是肺鼠疫。

喜马拉雅旱獭　　连新明 摄

喜马拉雅旱獭，俗称土拨鼠，是陆生穴居的草食性、冬眠性野生啮齿动物。旱獭体型粗大肥壮，耳小眼细，四肢粗短，利爪坚硬，尾巴短扁，是松鼠科中体型最大的一类。喜马拉雅旱獭成年后的体重可达 12 斤，成年雄性的体长足有 60 厘米左右。不少人被它呆萌的样子所吸引，网友亲切地称其为"土肥圆"，甚至有人在网络上求购土拨鼠，要把它当宠物养起来。但旱獭其实也是一种很容易传播鼠疫的疫源动物。

我国的鼠疫疫源地主要有青藏高原喜马拉雅旱獭疫源地、天山山地灰旱獭疫源地、帕米尔高原长尾旱獭疫源地、松辽平原达乌尔黄鼠疫源地、甘宁黄土高原阿拉善黄鼠疫源地、锡林郭勒高原布氏田鼠疫源地、内蒙古高原长爪沙鼠疫源地和滇西北山地大绒鼠疫源地。青藏高原的主要鼠疫疫源动物为旱獭，而广泛分布的高原鼠兔很少检测到鼠疫病菌。所以，旱獭虽然长相"呆萌"，但因其潜藏烈性病菌，被疾控部门列入重点监控名单。因此，希望大家珍爱生命，远离旱獭。

本章参考文献

Bo T B, Zhang X Y, Kohl K D, *et al.* Coprophagy prevention alters microbiome, metabolism, neurochemistry, and cognitive behavior in a small mammal[J]. The ISME Journal, 2020, 14 (10): 2625-2645.

Guo Z G, Zhou X R, Hou Y. Effect of available burrow densities of plateau pika (*Ochotona curzoniae*) on soil physicochemical property of the bare land and vegetation land in the Qinghai-Tibetan Plateau[J]. Acta Ecologica Sinica, 2012, 32(02): 104-110.

Harris R B, Jiake Z, Yinqiu J, *et al.* Evidence that the Tibetan fox is an obligate predator of the plateau pika: conservation implications[J]. Journal of Mammalogy, 2014, 95(06): 1207-1221.

Kang Y, Liu Q, Yao B, *et al.* Pleistocene climate-driven diversification of plateau zokor (*Eospalax baileyi*) in the eastern Qinghai-Tibet Plateau[J]. Ecological Indicators, 2022, 139: 108923.

Koju N P, He K, Chalise M K, *et al.* Multilocus approaches reveal underestimated species diversity and inter-specific gene flow in pikas (*Ochotona*) from southwestern China[J]. Molecular Phylogenetics and Evolution, 2017, 107: 239-245.

Lai C H, Smith A T. Keystone status of plateau pikas (*Ochotona curzoniae*): effect of control on biodiversity of native birds[J]. Biodiversity and Conservation, 2003, 12(09): 1901-1912.

Qu J P, Ji W H, Russell J C, *et al.* The more the merrier? Multi-species grazing of small herbivores mediates plant community impacts[J]. Biodiversity and Conservation, 2016, 25 (11): 2055-2069.

Qu J P, Li K X, Yang M, *et al.* Seasonal dynamic pattern of spacial territory in social groups of plateau pikas (*Ochotona curzoniae*)[J]. Acta Theriologica Sinica, 2007, 27(03): 215.

Qu J P, Li W J, Yang M, *et al.* Life history of the plateau pika (*Ochotona curzoniae*) in alpine meadows of the Tibetan Plateau［J］. Mammalian Biology, 2013, 78(01): 68−72.

Qu J P, Yang M, Li W J, *et al.* Seasonal variation of family group structure of plateau pikas (*Ochotona curzoniae*)［J］. Acta Theriologica Sinica, 2008, 28(02): 144−150.

Smith A T, Dobson F S. Social complexity in plateau pikas, *Ochotona curzoniae*［J］. Animal Behaviour, 2022, 184: 27−41.

Smith A T, Foggin J M. The plateau pika (*Ochotona curzoniae*) is a keystone species for biodiversity on the Tibetan plateau［C］//Animal Conservation forum. Cambridge University Press, 1999, 2(04): 235−240.

Smith A T, Senko J, Siladan M U. Plateau pika *Ochotona curzoniae* poisoning campaign reduces carnivore abundance in southern Qinghai, China［J］. Mammal Study, 2016, 41(01): 1−8.

Smith A T; Wilson M C, Hogan B W. Functional-trait ecology of the plateau pika *Ochotona curzoniae* in the Qinghai-Tibetan Plateau ecosystem［J］. Integrative Zoology, 2019, 14(01): 87−103.

Tan Y, Liu Q, Wang Z, *et al.* Plateau zokors (*Eospalax baileyi*) respond to secondary metabolites from the roots of *Stellera chamaejasme* by enhancing hepatic inflammatory factors and metabolic pathway genes［J］. Comparative Biochemistry and Physiology Part C: Toxicology & Pharmacology, 2022: 109368.

Wang X Y, Liang D, Jin W, *et al.* Out of Tibet: genomic perspectives on the evolutionary history of extant pikas［J］. Molecular Biology and Evolution, 2020, 37(06): 1577−1592.

Wang Q, Pang X P, Guo Z G. Small semi-fossorial herbivores affect the allocation of above-and below-ground plant biomass in alpine meadows［J］. Frontiers in Plant Science, 2022, 13: 830856.

Xie J X, Lin G H, Liu C X, *et al.* Diet selection in overwinter caches of plateau zokor (*Eospalax baileyi*)［J］. Acta Theriologica, 2014, 59(02): 337−345.

Xie J X, Lin G H, Zhang T Z, *et al.* Foraging strategy of plateau zokors (*Eospalax baileyi* Thomas) when collecting food for winter caches［J］. Polish Journal of Ecology, 2014, 62(01): 173−182.

Yuan X, Qin W, Chen Y, *et al.* Plateau pika offsets the positive effects of warming on soil organic carbon in an alpine swamp meadow on the Tibetan Plateau［J］. Catena, 2021, 204: 105417.

Zhao X Q, Zhao L, Xu T W, *et al.* The plateau pika has multiple benefits for alpine grassland ecosystem in Qinghai-Tibet Plateau［J］. Ecosystem Health and Sustainability, 2020, 6(01): 1750973.

蒋志刚, 刘少英, 吴毅, 等. 中国哺乳动物多样性［J］. 生物多样性, 2017, 25(08): 886.

Smith A T, 解焱. 中国兽类野外手册［M］. 长沙: 湖南教育出版社, 2009.

第九章　三江源的大型兽类

连新明

三江源特指长江、黄河和澜沧江这三条大江大河的源头地区，整个区域位于我国的青海省。其中，长江流经我国 11 个省份，大部分位于我国南方地区，最后在上海汇入东海；黄河流经 9 个省份，大部分位于我国北方地区，在山东省进入渤海；澜沧江从我国青海省发源，流经西藏和云南后就出了中国，经过缅甸、老挝、泰国、柬埔寨四个国家，最后到达越南胡志明市注入南海，是东南亚最大的国际河流。在这三条江河里，长江和黄河是我们更为熟悉的河流，都被称为我们中华民族的母亲河。

作为三条河流的发源地，三江源地区的海拔非常高，平均海拔超过 4000 米。因为海拔高，所以三江源地区也比较寒冷，没有很严格的春夏秋冬四季划分，只有冷暖两季。当地人有时候会开玩笑说三江源地区只有两个季节：冬季和大约在冬季。最冷的时候，温度可以达到零下 40 多摄氏度，而全年最高温度也不会超过 30 摄氏度。同样，因为海拔高，三江源地区的氧气含量也比较低，在这里步行上楼、爬山、搬拿物品的时候，常常会感觉氧气不够用，呼吸困难。正常每 10 升空气中约有 2.095 升的氧气，含氧量大约为 20.95%。海拔每升高 100 米，空气中的含氧量下降 0.16%；海拔升高 1000 米，空气中的含氧量下降 1.6%；以此类推，海拔 4000 米，空气中的含氧量下降 6.4%，为 14.55%。三江源地区不光氧气含量不足，气压也低。我们知道，水的沸点是 100 摄氏度，但是随着海拔升高，气压降低，水的沸点也随之降低。海拔 1000 米的时候水的沸点是 97 摄氏度，3000 米的时候水的沸点是 91 摄氏度，而海拔 4000 米以上的三江源地区，水的沸点只有 88 摄氏度。

简单总结一下三江源地区的三大特点：高海拔、高寒、低氧。知道这三个特点之后，大家可能会有疑问。比如，到了三江源，人会不会出现高原反应？这里的动物是不是和低海拔地区的不一样？等等。答案都是肯定的。人类初次到达这么高的海拔环境中，多多少少都会有些高原反应，只是有些人不明显，有些人特别明显而已。随着时间延长，机体会慢慢适应，只要不是特别剧烈的运动，比如跑步、搬运重物等，高原反应会慢慢消失。而生活在高原地区的动物，也演化出了一些独特的适应特征。

由于高海拔、高寒、低氧等特殊的环境因子，青藏高原地区的野生动物在形态学、生理学和分子生物学上均表现出特有的适应机制。比如说，形态上，藏羚和雪豹的毛发极为密实，可有效抵御寒冷侵袭；白唇鹿虽然没有绒毛，但其毛发的中空结构可以形成空气层隔绝寒冷。生理上，高海拔地区野生动物的红细胞数和血红蛋白数量增加；高原鼠兔可以通过提高基础代谢率和增加非颤抖性产热以及高的氧利用率来适应高寒低氧环境；藏羚心脏与体重的比值较高，心脏相对重量明显增加，能够提高氧代谢水平。分子水平上，与低氧适应相关的促红细胞生成素基因的 mRNA 表达水平明显增高，与生理上红细胞数量明显增多相对应。由于如此众多适应特殊环境的特异表达，三江源地区孕育了比例较高的青藏高原特有物种，所以又被称为"高寒种质资源基因库"。下面就让我带着大家一起来认识几种在青藏高原生活的野生动物。先从吃草的动物开始。

一、食草动物

藏羚 *Pantholops hodgsonii*

因为 2008 年北京奥运会的吉祥物福娃"迎迎"，藏羚和可可西里成为大众熟知的两个词语。藏羚是生活在可可西里的一种野生羚羊，隶属于牛科、羚羊亚科、藏羚属，是藏羚属的唯一物种；而可可西里位于三江源腹地，是中国四大无人区之一。

可可西里的藏羚　　连新明 摄

除了奥运会吉祥物，藏羚被人们熟知的另外一个关键词是：沙图什披肩。

沙图什披肩以藏羚绒毛为原料编织而成，于 20 世纪八九十年代在欧美等西方国家上流社会开始流行，成为互相攀比的奢侈品。"图什"是最为稀有和细柔、等级最高的羊毛，因此以它为原料制成的编织物的价格也最为昂贵。藏羚绒毛被称为"沙图什"，波斯语的意思为"羊绒之王"，由藏羚绒毛编织而成的沙图什披肩在南亚次大陆一直被视为王族礼品、新娘嫁妆，甚至是传家宝，这足以说明沙图什披肩的珍贵。因沙图什披肩导致的藏羚生存危机的根本原因在于 20 世纪 80 年代末，沙图什披肩开始在欧美国家畅销。当时，商家为了宣传沙图什披肩还编造了一个"美丽"的故事：

在遥远东方的中国藏北高原，那里海拔超过 5000 米，生活着一种被称为北山羊的动物。每年冬天过后，这些动物为了让换毛更顺利一些，会在灌木或者石头上磨蹭身体。而生活在那里的勤劳的藏族妇女，便每天在这些灌木或石头上收集被挂住的北山羊绒毛。因此，购买沙图什披肩是为了帮助生活在高海拔地区的这些勤劳的人们。

雌藏羚（左）和雄藏羚（右）　　连新明 摄

但是，故事毕竟是故事，西藏大部分地区并没有北山羊的存在。沙图什来自藏羚，人们获取沙图什的途径也不是在灌木和石头上收集，而是猎杀。说到这里，就不得不提到将沙图什和藏羚联系起来的关键人物——乔治·夏勒。乔治·夏勒是一位博物学家，自 1985 年他在可可西里第一次见到藏羚开始，之后曾多次来青藏高原开展藏羚种群和迁徙调查。乔治·夏勒推测，在 20 世纪 80 年代，青藏高原上曾经生活有超过 100 万只的藏羚，但由于沙图什披肩的高昂利润，疯狂盗猎使得藏羚的种群数量在 20 世纪末骤降至不足 7 万只。经过乔治·夏勒的积极推动，以及在政府和国际组织的大力宣传和保护下，现如今藏羚的种群数量已回升至 20 万只左右。也正是因为种群数量的上升，世界自然保护联盟在 2016 年的评估中将藏羚的保护级别由"濒危"（EN）调整为"近危"（NT）。

如果有机会自驾车经过青藏公路可可西里段，在不冻泉至沱沱河之间见到藏羚的概率接近 100%。藏羚的两性个体长得不一样，雌性藏羚没有角，雄性则有一对竖直的长角，长度可以达到 80 厘米，从侧面看仿佛只有一只角，因此藏羚又被称为"独角羊"。同样，藏羚雌雄个体的毛色也不同。雌性藏羚通体土黄色，而雄性藏羚全身除面部、四肢前侧为黑色外，通体近白色。类似于藏羚雌雄个体之间的形态差异被称为"性二型"。性二型现象在青藏高原很多动物中都存在，比如藏原羚、白唇鹿等。通俗来讲，性二型是指物种成年以后，雌雄个体的身体结构和功能特征在某些部位发生固有的和明显的差别，这些差别可以让我们很容易判断这个个体的性别。所以，我们人类也是存在性二型现象的。

藏原羚 *Procapra picticaudata*

提到藏羚，就不可避免要提到和它同域分布的藏原羚，尤其在可可西里地区，藏羚和藏原羚是青藏公路和青藏铁路沿线最容易被游客混淆的两种动物。很多第一次到达三江源地区的游客见到藏原羚时都会兴奋地喊"藏羚羊"。其实，藏原羚和藏羚两个物种之间存在非常大的形态差异，主要体现在三个特征：（1）两个物种的毛色不一样，藏羚的毛色偏土黄色，而藏原羚的毛色偏深灰色；（2）雄性个体的角不一样，藏原羚的角短且尖端弯曲；（3）两者最大的区别还在于有无白色臀斑，藏原羚有白色心形臀斑，尾巴为黑色，而藏羚没有明显的臀斑，尾巴的颜色与体色接近。

除了形态上的明显差别，藏原羚和藏羚两个物种的行为模式也存在极大差异。比如，藏原羚行为变换比较频繁且单次行为的持续时间短，而藏羚的行为转换频次低，单次行为持续时间长。正因为此类行为模式的差异，藏原羚对外界捕食风险的响应速度快，能够更迅速地适应外界环境变化，而藏羚对外界环境变化适应能力较弱。这一点在两个物种跨越青藏公路时表现尤为明显。

藏原羚的雌雄个体以及白色臀斑（左为雄性，右为雌性）　连新明 摄

　　青藏公路是连接内地和西藏的重要通道之一。每年夏季的运输高峰期，每小时的车流量可达 276 车次，如此密集的车流给道路两侧的野生动物交流造成了极大困扰。但是，藏原羚在车流量较少的时段，即便在有车辆通行的状况下也可以很轻松迅速地通过青藏公路，似乎并没有把运行的车辆当作一种威胁。而同样的事情换成藏羚，就远没有藏原羚那般干脆利索。藏羚在打算通过青藏公路时，往往表现得犹犹豫豫，即便是没有车辆的公路在它们的认知里也存在着未知风险，一旦车辆出现，往往会使得它们的穿越半途而废，无功而返，又重新回到起点等待机会再次尝试。

藏原羚（上）和藏羚（下）过青藏公路　　连新明 摄

藏原羚和藏羚的集群行为也存在差异。藏原羚的集群较小，以 2~8 只个体组成的集群为主，超过 30 只的集群非常少见；而藏羚的集群较大，2~20 只的集群占据了较大比例，最大集群超过 500 只（迁徙季节）。对于野生动物而言，集群有利有弊。一方面，集群可以更容易发现食物资源，可以更好地防御天敌并降低个体的捕食风险。针对集群规模对行为模式影响的研究表明，当集群较大时，成员之间可以协作分工，个体可以节省警戒时间从而将更多的时间用于维持自身生存需要的觅食行为。当遇到天敌时，较大集群中的个体的捕食风险也会被稀释，降低了被天敌捕食的概率。而另一方面，如果集群过大，也会带来诸多不利的后果。例如，集群过大会增加被天敌发现的概率，会加剧对资源的竞争，以及容易造成传染病流行等。

二、食肉动物

狼 *Canis lupus*

对于藏羚和藏原羚，它们共同的天敌之一就是狼。在现有的犬科动物中，狼是体型最大的一个物种，它的体色通常为灰黄、灰棕或暗灰色，所以狼又被称为"灰狼"。

狼广布于青藏高原，在三江源地区更是常见。近年来，在三江源地区偶见黑色的狼，那是源于狼和狗的基因交流。动物皮毛颜色的多样性取决于其体内黑色素皮质素受体 1 的基因突变，而狼本身并没有此类突变基因，黑狼的黑色素突变基因只能来自狗。作为人类的伴侣动物之一，狗具有极为丰富的表型多样性，正因为此，人们常常把狗和狼作为两个独立的物种。但实际上，狗是由狼驯化而来，而且可能是第一个被人类驯化家养的动物。在物种分类学上，狗只是狼的一个亚种，或者称为狼的家养品种，它们之间不存在生殖隔离，可以生育出有正常繁殖能力的后代。

针对狼的故事有很多，最为熟悉的莫过于收录于初中语文教材中的清代蒲松龄所作的文言短篇小说《狼》："一屠晚归，担中肉尽，止有剩骨。途中两

可可西里的狼　　连新明 摄

狼，缀行甚远。……少时，一狼径去，其一犬坐于前。……乃悟前狼假寐，盖以诱敌。……"寥寥数语，将狼之间的配合和狡诈淋漓尽致地展现出来，成为经典。近年来更有作家姜戎创作的长篇小说《狼图腾》，从草原知青的视角讲述了 20 世纪六七十年代在内蒙古草原上牧民和狼之间的故事，既有牧民对狼的憎恨、敬畏和崇敬，也有狼的凶悍、残忍、智慧和团队精神，读起来酣畅淋漓，意犹未尽。以至于，当我在野外遇到狼时，总是会脑补很多画面，比如狼群围猎。迄今为止，我在野外遇到的最大狼群为 12 只，当时它们正在试图围猎一只成年藏野驴。尽管因为车队的到来捕猎失败，但却是现实中最贴近脑补的场景。

2014 年，我们在长江上游通天河第一峡谷开展生物多样性调查，在峡谷中部第二营地后面的山坡上有一个废弃的旱獭洞穴，但不确定是旱獭主动弃用还是被全部捕食。尽管我们不愿承认，但在大自然弱肉强食的背景下，旱獭被全部捕食导致洞穴废弃的可能性要更大一些。更何况，我们在洞穴附近见到了旱獭的头骨，以及干净的洞穴里面其他动物的骨骼。这说明，有食肉动物在利用这个旱獭洞穴，但究竟是藏狐、赤狐、狼，还是其他动物，不得而知。直到有一天，当我们前往远处的崖壁维护红外相机，距离这个必经洞穴还有几十米远时，从红外相机所在位置传来"汪、汪、汪"的三声犬吠声。当我们还在奇怪哪里来的狗时，我们已经接近了这个洞穴。同时，从犬吠的方向传来了狼嚎，嚎声未落，三条黑影从旱獭洞穴里面蹿出来朝着狼嚎的方向跑去。原来，这个旱獭洞穴是被狼占据并用来抚育后代了。而且，狼在嚎叫之前会发出"犬吠"声的警告，未见效果才发出狼嚎。

雪豹 *Panthera uncia*

近年来，提到三江源的野生动物，雪豹无疑是最亮眼的物种之一。作为高山生态系统的旗舰物种，雪豹又被称为"高山生态系统健康与否的气压计"。很多人认为雪豹应该生活在雪线以上，但实际上，雪豹的分布海拔范围很广，最低可至海拔不足 1000 米的区域。雪豹起源于青藏高原，现在仅分布在青藏高原及其周边地区，包括中国、印度、尼泊尔、不丹、阿富汗、哈萨克斯坦、吉尔吉斯斯坦、蒙古国、巴基斯坦、俄罗斯、塔吉克斯坦、乌兹别克斯坦 12 个国家。

雪豹是高山生态系统旗舰物种，处于食物链顶端　　红外相机拍摄，连新明供图

长江源雪豹（远处是长江正源沱沱河的发源地——姜根迪如冰川）　连新明 摄

全世界的猫科动物共有 41 种，大到凶猛的虎、狮等顶级捕食者，小到比较温顺乖巧的家猫，它们的形态和行为都存在较大的差别。在中国，有 12 或 13 种猫科动物，确切有分布的是金猫、荒漠猫、丛林猫、野猫、猞猁、兔狲、云猫、豹猫、云豹、豹、虎、雪豹等 12 种，另外还有一种可能在西藏存在的渔猫。在这些猫科动物中，雪豹是分布海拔最高的物种之一，最高可以追溯到长江正源沱沱河源头的姜根迪如冰川。在那里，我们利用红外相机拍摄到海拔 5550 米和 5603 米的雪豹影像，这是迄今为止文献报道中雪豹分布海拔最高的影像资料。

雪豹的尾巴长度超过头体长的四分之三　　红外相机拍摄，连新明供图

雪豹的毛色以灰白为主，伴有实心或空心的深色斑纹。头部黑斑小密且实心，朝向尾端方向逐渐变大，并出现不规则的黑环。雪豹的尾巴粗长，长度超过头体长的四分之三。如此粗长的尾巴可以保障雪豹在悬崖峭壁间活动时身体的平衡。

在久远的演化过程中，雪豹的身体演化出诸多与高山生态系统相适应的特征。比如，雪豹鼻子前端覆盖着超过鼻孔的被毛，在寒冷的冬季可以保持温暖，同时也可以过滤进入鼻腔的低温空气；雪豹趾间有着浓密的粗毛，可以隔绝与严寒地面或冰雪接触时的寒冷，同时也可以增加与冰雪面间的摩擦，有助于行走；雪豹的体色与其生活地区灰白色为主的高山裸岩背景接近，可以有效隐蔽以避免被猎物提前发现；雪豹拥有豹属动物中最小的脑袋、最小的耳朵和看上去粗短的四肢，可以减少在寒冷环境中的散热；雪豹拥有极为厚密的毛发，以及长达 10 余厘米的腹毛，每平方厘米的毛发量超过 4000 根。

此外，由于雪豹脑颅前眶间区隆起，且无法发出虎、狮等物种极具威慑力的吼叫，只能发出短而急促的叫声，这两点和豹属的豹、虎、狮、美洲豹等其他物种具有非常明显的区别，因此很多学者建议将雪豹单独划分为雪豹属。但是，更多学者认为雪豹的体型、头骨、牙齿和骨骼结构与豹属相似，而且通过分子生物学的研究，雪豹和豹之间线粒体 DNA 的差异并未达到属级别的分化程度。同时，雪豹和虎之间的亲缘关系最近，因此，将雪豹归于豹属是正确的。

雪豹趾间长有浓密的粗毛　红外相机拍摄，连新明供图

三、同域分布的其他兽类

青藏高原特殊的地理环境孕育了诸多特有野生动物,除了上述四种动物之外,还生活着许多野生动物。我从中选取了一些有特色的物种做简单介绍。

藏野驴 *Equus kiang*

藏野驴是所有野生驴中体型最大的一种,体长可达 2 米,平均肩高约为 140 厘米。藏野驴的头相对较大,吻部较圆,鼻部突出。被毛呈鲜亮的棕红色,冬季时为深棕色,夏末换毛后呈现光亮的浅红棕色。藏野驴的鬃毛竖起,相对较短,一条深色条纹在脊背部从鬃毛处一直延伸到尾端,尾巴上有一簇黑色细丝状的毛。

藏野驴群(左二和左三为当年出生的幼崽) 连新明 摄

与其他动物躲避人类干扰不同,藏野驴通常会对人类的到来感到好奇并驻足观望。当汽车的声音惊扰了它们的闲情逸趣时,它们会随着汽车一起奔跑,直到从行驶的汽车前面横穿过去才肯罢休。如果汽车速度加快导致它们横穿失败,藏野驴则会非常沮丧地用前蹄踢打地面,鼻腔中喷出强烈的气流来表示不满。记得一次考察中，我们的车队正常行驶在道路上，路边的 5 只藏野驴开始跟随车队奔跑，后加速从车队前方穿过，此时藏野驴一边急奔，一边回望车队，神情中充满不屑，却未曾注意到前方围栏挡路，最前面的藏野驴直接冲进铁丝网被缠住。经过几番挣扎，铁丝围栏的柱子直接被其拉扯倾倒，好在最后成功挣脱，未受伤害。

野牦牛 *Bos mutus*

野牦牛体型庞大，可谓是三江源地区体型最大的物种。它的四肢粗短，肩背部有一明显的隆起，故站立时呈现出明显的前高后低。除了鼻尖呈灰色外，野牦牛全身被毛都呈黑色，略显棕褐色，其颈侧、胸部、身侧以及腿部长有浓密的长毛，就像围着裙边一样。野牦牛雌雄个体均有角，但雄性的角明显粗大，体型也大。

野牦牛　连新明 摄

初次到三江源的人常常分不清楚野牦牛和家牦牛，经常将比较大的家牦牛认作野牦牛。尽管家牦牛是由野牦牛驯化而来，但两者还是存在非常大的差异，主要有三个方面。首先是体型。野牦牛的体型远大于家牦牛。其次是背部隆起，正如前面所述，野牦牛背部隆起明显，身体前高后低，而家牦牛背部相对较平。最后看角的形状和大小。野牦牛的角基部较粗向上逐渐均匀变细，而家牦牛的角相对细长。

藏狐 *Vulpes ferrilata*

藏狐隶属于食肉目、犬科、狐属，为青藏高原特有物种，仅分布在中国、尼泊尔和印度北部。藏狐的毛发厚密，耳背面和体背同色，为浅灰色到浅红棕色，腹部白色，尾尖白色。藏狐的身体大小接近赤狐或略小，两者在三江源地区均较常见。

藏狐的主要食物是喜马拉雅旱獭和高原鼠兔，但作为个头较小的食肉动物，藏狐也是其他大型食肉哺乳动物和大型猛禽的盘中餐。尤其是金雕，往往会俯冲下来用两把尖锐的爪子抓住藏狐，带到空中，然后松开爪子，将藏狐从空中扔下摔死，随后饱餐一顿。

藏狐是包虫重要的终末宿主。包虫病流行面积的扩大通常伴随狐分布区域的扩大。在我国的牧区，藏狐包虫的感染率甚至超过了狗的感染率。

藏狐捕食高原鼠兔　　连新明 摄

赤狐 *Vulpes vulpes*

赤狐隶属于食肉目、犬科、狐属，是全世界狐狸中分布范围最广的物种。

赤狐体色变异极大，但常见体色一般为棕灰或棕红色，腹部白色或黄白色，耳背面黑色或黑褐色，四肢外侧黑色条纹延伸至足面。但不管体色如何变化，其尾尖均为白色或灰白色。

赤狐　连新明 摄

在三江源地区，赤狐和藏狐均较为常见，两者具有明显的区别：（1）赤狐的脸型为"瓜子脸"，腮不突出；而藏狐的脸型为"国字脸"，腮突出。（2）赤狐的尾巴长，长于头体长一半；而藏狐的尾巴短，不及头体长一半。

白唇鹿 *Cervus albirostris*

在鹿科动物中，白唇鹿栖息地的海拔最高，通常在3000米以上。与高海拔地区的其他动物不同，白唇鹿并没有可供保暖的绒毛，它的毛发粗细和长度更像是雪松的松针，只是更为浓密且中空。

白唇鹿雄性有角，而雌性无。鹿角每年脱落一次。每年十月份前后是白唇鹿的交配季节，雄性会发生激烈的争斗以争夺配偶，胜者往往会获得更多的配偶。第二年五到七月份，小白唇鹿出生。刚出生的小鹿身上有斑点，满月后逐渐消失。

河边的白唇鹿   连新明 摄

本章参考文献

Anderson T M, von Holdt B M, Candille S I, *et al*. Molecular and evolutionary history of melanism in North American gray wolves[J]. Science, 2009, 323(5919): 1339-1343.

Kitchener A C, Breitenmoser-Würsten C, Eizirik E, *et al*. A revised taxonomy of the Felidae: the final report of the cat classification task force of the IUCN cat specialist group[J]. Cat News, 2017.

Lian X M, Zhang T Z, Cao Y F, *et al*. Group size effects on foraging and vigilance in migratory Tibetan antelope[J]. Behavioural Processes, 2007, 76(3): 192-197.

Lian X M, Zhang T Z, Cao Y F, *et al*. Road proximity and traffic flow perceived as potential predation risks: evidence from the Tibetan antelope in the Kekexili National Nature Reserve, China[J]. Wildlife Research, 2011, 38(2): 141-146.

Schaller G B. Tibet wild: a naturalist's journeys on the roof of the world[M]. Washington, DC: Island Press, 2012.

蒋志刚. 中国生物多样性红色名录:脊椎动物 第一卷 哺乳动物[M].北京:科学出版社,2021.

连新明.可可西里地区藏羚和藏原羚对道路和集群大小的行为反应[D].西宁:中国科学院西北高原生物研究所,2004.

连新明,Weingarten J.长江源:海拔5600米处的雪豹[J].森林与人类,2020(03):52-59.

连新明,苏建平,张同作,等.藏原羚集群行为的初步研究[J].生物多样性,2004,12(05): 488-493.

连新明,苏建平,张同作,等.可可西里地区藏羚的社群特征[J].生态学报,2005,25(06): 1341-1346.

刘芳,乌仁塔娜,马兰,等.藏羚羊低氧诱导因子1α基因的克隆与组织表达[J].生理学报, 2011,63(06):565-573.

王德华,王祖望.小哺乳动物在高寒环境中的生存对策Ⅱ——高原鼠兔和根田鼠非颤抖性产热 (NST)的季节性变化[J].兽类学报,1990,10(01):40-53.

魏辅文,杨奇森,吴毅,等.中国兽类名录(2021版)[J].兽类学报,2021,41(05):487-501.

肖凌云.守护雪山之王:中国雪豹调查与保护现状[M].北京:北京大学出版社,2019.

杨应忠,常荣,马兰,等.藏羚羊心脏高海拔低氧适应结构和相关酶研究[C].第七届全国医学 生物化学与分子生物学和第四届全国临床应用生物化学与分子生物学联合学术研讨会暨医 学生化分会会员代表大会论文集,2011:37.

于宁,郑昌琳,王行亮,等.雪豹线粒体DNA(mtDNA)研究及其分类地位的探讨[J].兽类学报, 1996,16(02):105-108+158.

张绍军,李济中,孔小艳,等.动物低氧适应的相关研究进展[J].安徽农业科学,2015,43 (12):148-150+153.

第十章　青藏高原生物标本馆——生物王国

陈晓澄

青藏高原特殊的高寒环境孕育了独特的生物，保存了相对完好的生态系统及丰富的野生动植物资源。目前，青藏高原共发现陆生脊椎动物和淡水鱼类1760余种、维管植物12000余种。其中高原特有种子植物3760余种，特有脊椎动物280余种，珍稀濒危高等植物300余种，珍稀濒危动物120余种。这些物种构成了青藏高原色彩斑斓的生物王国，也使此地成为全球重要的生物物种基因库。

青藏高原生物标本馆　　姜文波 摄

如此丰富多样、特有而珍稀的野生动植物资源，如何让民众感知，提高生态保护意识？如何让科学家们去查阅，探索生物奥秘？标本馆在这其中发挥了不可替代的作用。标本馆是系统性的生物标本收藏场所，常被比作图书馆，标本就是图书馆中的书籍，每一件标本都是独一无二的，都能在物种（生物、遗传、生态系统多样性）、空间（分布地点）和时间（采集日期）上提供多维信息。标本的价值不仅在于提供实物资源和外部形态特征，还在于其中蕴含的时空数据、历史印迹及其自身的遗传资源，这也是标本对保护生物多样性发挥支撑作用的重要体现。

在众多的各类标本馆当中，有一所独具青藏高原特色的标本馆，那就是中国科学院西北高原生物研究所青藏高原生物标本馆。该标本馆虽然地处我国的西北边陲，却熠熠生辉。青藏高原生物标本馆是目前收藏、保存青藏高原生物标本数量最多、种类最全、馆藏最丰富、标本采集覆盖青藏高原范围最广的标本馆。其独有的青藏高原特色，在全国乃至世界范围内都是无可替代的，可谓高原生命科学宝库。青藏高原生物标本馆集科研、科普、教育、宣传等功能于一体，在帮助公众认识自然、普及环保知识、助力科学研究等方面发挥着重要作用。

一、砥砺奋进的发展过程

青藏高原生物标本馆源于 1962 年中国科学院西北高原生物研究所植物研究室和动物研究室分别设立的标本室；1982 年，动、植物标本室更名为动、植物标本馆；1994 年，动、植物标本馆合并组建为青藏高原生物标本馆；2002 年，标本馆进行结构和功能改造与升级，增建科普展厅。

标本馆成立以来，管理人员和科研工作者不断扩充标本，逐步完善标本种类和覆盖区域，极大丰富了馆藏资源。主要的标本采集与收藏过程简记如下：

1961 年 7 月—8 月，青海西宁、大通、湟源等地植物调查和标本采集

1962 年 4 月—10 月，青海祁连山野生动物调查

1965 年 7 月，青海循化、化隆、共和、兴海植物标本采集

1971 年 8 月—9 月，西藏植物调查

1973 年 5 月—10 月，西藏动植物区系科学考察

1974 年 4 月—5 月，西藏登山科考、珠峰地区动物考察

1975 年 5 月—9 月，西藏阿里地区动植物综合科学考察

1977 年 6 月—10 月，西藏动植物考察

1986 年 6 月—8 月，新疆西昆仑考察

1987 年 9 月，喀喇昆仑山考察

　　　　6 月—9 月，青海中美联合动物考察

1988 年 8 月，西藏植物标本采集

1989 年 5 月—9 月，青海可可西里综合科学考察

1992 年 8 月—10 月，珠峰自然保护区鱼类多样性调查

2000 年 7 月，中英联合植物区系考察

2002 年 8 月—9 月，西藏南部植物区系调查

2006 年 6 月—7 月，昆仑山、柴达木盆地等地植物标本采集

2009 年 7 月—8 月，西藏那曲、阿里地区植物标本采集与调查

2013 年 8 月，青海省祁连县野牛沟乡植物标本采集与调查

2014 年 8 月，西藏林芝、昌都地区植物标本采集与调查

2015 年 7 月，可可西里自然保护区植物标本采集

　　　　8 月，青海省玉树州囊谦县植物标本采集与调查

2016 年 7 月—8 月，青海省玉树州治多县植物标本采集与调查

2017 年 7 月—8 月，青海省玉树州杂多县植物标本采集与调查

　　　　9 月—10 月，西藏那曲、昌都地区植物种质资源采集与调查

2018 年 7 月，青海省黄南州同仁县植物标本采集与调查

2019 年 7 月—9 月，祁连山国家公园植物本底调查及大型真菌调查

2020 年 7 月—8 月，三江源国家公园植物标本采集与调查

　　　　7 月—9 月，第二次青藏高原综合科学考察，江河源植物多样性
　　　　考察

　　　　7 月—9 月，三江源国家公园、祁连山国家公园植物多样性调查

　　　　8 月，第二次青藏高原综合科学考察，祁连县野生动物调查

2021 年 7 月—8 月，澜沧江园区、可可西里自然保护区动植物标本采
　　　　集与调查

　　　　6 月—9 月，青海三江源国家公园、祁连山国家公园植物多样
　　　　性和真菌类调查

7月—8月，新疆（巴州）阿尔金山国家级自然保护区植物多
样性调查

2022年7月，青海省祁连县动植物标本采集与调查

青藏高原生物标本馆现已收藏动植物标本60.2万多号（份）。其中植物标本43.45万份，动物标本16.75万号，包括鸟类1万号，兽类7000余号，鱼类2.8万尾，两栖类和爬行类8500余尾，昆虫11.4万号。还收藏许多珍稀、濒危、独特的物种标本及大约300个生物学新分类群的模式标本。同时，标本馆还承担着"国家动物标本资源库"和"国家植物标本资源库"分库运行任务。

青藏高原生物标本馆皮张库 陈晓澄 摄

二、珍贵稀有的标本资源

生物标本是生物学研究的基本材料与支撑平台，是人类认识自然和改造自然的重要基础。任何文字记录和影像记录都难以取代生物标本信息记录的永久性和全面性。青藏高原生物标本馆收藏的几十万号标本中，包含有大量独具特色的标本。在这里简单向各位读者介绍几例。

青藏高原生物标本馆植物标本库 陈晓澄 摄

1. 珍贵的鱼类标本

裸鲤从有鳞到无鳞的演化证据——"皮鳞鱼"标本。

1962—1965年间，武云飞和朱松泉先生在青海湖考察时发现了"皮鳞鱼"，

青藏高原生物标本馆鱼类标本库 陈晓澄 摄

青藏高原生物标本馆科普展厅水禽

青藏高原生物标本馆科普展厅昆虫

陈晓澄 摄

它们的外形和普通的青海湖裸鲤无异，但全身分布有不均匀的鳞片，而常见的青海湖裸鲤是没有体鳞的，只有肩鳞和臀鳞。后来，在西藏羊卓雍措（1964年）和班公湖（1974年）也采集到了类似的标本。通过研究在不同地区采集

皮鳞鱼——青海湖裸鲤　　陈晓澄 摄

到的这几尾"皮鳞鱼"标本，发现它们都是各自物种返祖现象的个体变异，这种变异出现的概率只有千万分之一。"皮鳞鱼"标本为高原裸鲤鱼类从有鳞到无鳞的演化过程，提供了有力证据。

裂腹鱼类的分类依据——大头近裂腹鱼化石标本。

1976—1978 年，武云飞和陈宜瑜先生在西藏班戈县仑坡拉盆地发现了这些化石。当时物种分类多依据物种外部形态、X 光透视拍照、解剖结构特征等，以确定物种间的亲缘关系。在大头近裂腹鱼化石被发现之前，关于裂腹鱼类的分类一直备受争议，因为裂腹鱼类在形态结构上虽然与鲃亚科鱼类有很多相似

的特征，但仍有很多差异。比如裂腹鱼类的脊椎骨数目是䰾亚科鱼类的两倍或者更多。所以当时并不能确定裂腹鱼类的祖先到底是谁。而大头近裂腹鱼化石标本的发现，确定了裂腹鱼类的类别归属。根据留在石板上的骨骼痕迹，大头近裂腹鱼的脊椎骨数目等结构特征恰好处于䰾亚科鱼类和裂腹鱼类的中间形态，这就揭示了䰾亚科鱼类是怎样进化成裂腹鱼类的事实，也确定了裂腹鱼类的祖先就是䰾亚科鱼类。后来，科研人员通过 DNA 测序，也证实了裂腹鱼类是由䰾亚科鱼类演化形成的。

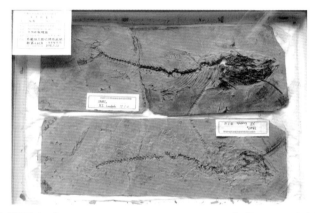

大头近裂腹鱼（*Plesioschizothorax macrocephalus*）化石　　陈晓澄 摄

2. 珍稀的植物标本

中华独有之花——华福花。

1964 年，杨永昌先生在青海玉树囊谦采集到华福花标本。当时，标本采集回来之后，一直没有鉴定出它的准确名字。直至 1979 年，植物分类学家吴征镒先生到我所访问交流时，发现此标本，与我所的黄荣福、吴珍兰教授共同研究后，定名为华福花，意为中华独有之花，华夏有福之花。1981 年，相关成果发表在《植物分类学报》上。华福花植株小巧、颜色素雅，分布在海拔 3900 米到 4800 米的高山

华福花（*Sinadoxa corydalifolia*）
模式标本　　陈晓澄 摄

砾石带和潮湿草甸中，为青藏高原特有植物，只分布在青海省玉树州囊谦县。

3. 漂亮的鸟类标本

传授使者——火尾太阳鸟。

1977 年，李德浩、王祖祥教授在西藏聂拉木采集到火尾太阳鸟标本。在自然界中，最常见、最重要的花粉传播媒介是风和各种昆虫，但有一种鸟也承担了花粉传播的重要职能，那就是火尾太阳鸟。它们喜食花蜜，也吃一些昆虫和蜘蛛，主要生活在海拔 3000 米左右的树林中。火尾太阳鸟嘴细长并下弯，先端有细小锯齿，舌呈管状，尖端分叉，伸缩性很强。成年雄性火尾太阳鸟头顶、脸部及喉部都是金属蓝色；头顶的两侧、背部、两肩及尾上覆羽红色；腰部鲜黄色；中央一对尾羽深红色而且很长，下体黄色，胸具艳丽的橘黄色斑块。在野外它站在树枝上翘着长长的尾羽展示优美的姿态，艳丽的羽毛在阳光掩映下，更为动人。雌鸟体型比雄鸟小许多，头顶、脸部、喉部及胸灰绿色，腰和尾上覆羽有点黄色，两翅与雄鸟同色。中央尾羽棕褐色而且不延长，下体黄绿色。

火尾太阳鸟（*Aethopyga ignicauda*）　　陈晓澄 摄

4. 高原特有种无翅蝗虫标本

青藏高原是世界上海拔最高、面积最大、地质年龄最年轻的高原，孕育着十分丰富而独特的昆虫区系。独特的地理环境和气候使昆虫产生了独特的适应性特征。

高原上风大，气压低，不利于蝗虫飞行，长期生活在这种条件下导致翅的退化甚至消失。翅是蝗虫重要的发音器，缺翅或翅的退化导致发音器的退化或消失，并导致听觉器官鼓膜器的退化或消失。和平原地区的种类相比，高原上的无翅蝗虫体型变小，也是为了适应植被稀疏的环境并缩短生长期。这些小生灵牺牲了可爱的翅膀，舍弃了悦耳的声音。但它们也演化出了其他适应性特征，例如，它们的一双健壮大腿让它们善于跳跃，并且利于跳起后平稳落地。这种残缺的美让人类发现了它们的存在。而且一些物种仅在青藏高原分布，例如缺线霄蝗、珠峰霄蝗和日土缝隔蝗等。

我所印象初院士经多年的研究并在 1984 年出版的《青藏高原的蝗虫》为该地区蝗虫的研究和防治提供了重要参考资料，获 1986 年青海省科技进步一等奖，同时，该书也获得了中国科学院科技进步二等奖和 1987 年的国家自然科学四等奖。

二丘金蝗（*Kingdonella bicollina*）标本　　　陈晓澄 摄

三、生物标本的永久记忆

2022 年，我所迎来建所 60 周年所庆，在整理、查找标本过程中，我惊喜地发现了夏武平先生采集的螺蛳标本和模式标本，以及标本馆保存的最早的动植物标本。我小心翼翼地翻看着百余年前制作的标本，不禁伫立良久，难抑激动。虽然从事标本馆工作几十年，但我从未见过如此久远的珍贵标本。

夏武平先生是我国兽类学和啮齿动物生态学的开创者与奠基人。其实，夏先生是在中华人民共和国成立后，接受国家任务，才开始正式从事啮齿动物的研究。夏先生早年主要从事腹足类和鱼类学研究。

张氏螺蛳（*Margarya tchangsii*）模式标本　　陈晓澄 摄

这件螺蛳标本就是夏先生早期所从事的科学研究领域的见证。1979 年 12 月 2 日，夏先生沿滇池西岸的公路，由龙王庙到海口镇，采集了一系列标本。其中，在西华村标本材料中发现一个新种，命名为张氏螺蛳，以纪念张玺先生对中国的贝类学以及无脊椎动物学的卓越贡献，相关研究成果发表在 1982 年第四期《动物学研究》上。

夏先生于 1966 年调入我所工作，自此扎根西北，成立了生态研究室，建立了海北定位站。即使在晚年双目失明的情况下，夏先生仍继续为科学研究贡献力量，将毕生的精力献给了中国兽类学和动物生态学发展事业。夏先生是真正践行"牦牛精神"的典范，其不畏艰苦、但求贡献、一丝不苟、严谨求实的科学精神，从其书写上，也可以窥见一斑。标本上，夏先生手写的标签，一笔一画，工工整整，如同现今印刷体一般规矩，但又透着手写体的灵气与美感。

螺蛳（夏武平先生手写标签）　　陈晓澄 摄

　　整理中，我还发现了标本馆珍藏的一些早期动植物标本，包括 1884 年到 1887 年采集的龙胆科植物标本、1905 年到 1907 年采集的禾本科植物标本、1922 年采集的树麻雀标本和 1926 年采集的北鹨标本。这些标本大多已经历了百余年沧桑，对今天的科学研究有着不可估量的价值。其中龙胆科标本是何廷农老师在 1986 年国际合作中通过标本交换的形式获取的。何老师在长期实地调研的基础上，采集积累了大量龙胆科标本，在 2002 年出版了 *A Worldwide Monograph of Gentiana*，其后又在 2004 年出版了《中国龙胆科植物研究》并且获得国家自然科学二等奖。

小齿龙胆（*Gentiana microdonta*）标本　　　高山龙胆（*Gentiana algida*）标本　　陈晓澄 摄

树麻雀普通亚种（*Passer montanus saturatus*）标本　　　陈晓澄 摄

北鹨指名亚种（*Antus gustavi gustavi*）标本　　　陈晓澄 摄

小心翻阅着标本，如同翻看着研究所和标本馆发展的历史。在近六十载栉风沐雨、不断攀升的发展过程中，渗透着一代一代科研工作者的辛苦付出，体现着学者的责任，展现了大科学家的风采。手捧标本，我深感责任重大，吾辈更应"不忘初心，砥砺前行"，以百倍的细密之心来珍爱这些标本，使其珍藏百世，发挥其应有的作用和价值。

四、科学研究的坚固基石

生物标本不仅是研究生物分类和生物多样性的基础，也是研究系统演化的重要保障，是从事生命科学研究的实物宝库。作为重要的物质素材，标本经过研究和定名，就可归纳出物种信息，在生物多样性保护、有害生物入侵、全球气候变化及进化生物学等生命科学及交叉学科前沿领域发挥重要作用。我们研究所的科研人员依据科学考察所采集的标本，在植物学和动物学的研究中取得一系列原创成果，依托标本馆开展的科研工作，为国家科研和经济发展做出了巨大贡献，出版了《青藏高原的鱼类》《青海植物志》《青藏高原药物图鉴》《世界蝗虫及其近缘种类分布目录》《青藏高原维管植物及其生态地理分布》《喀喇昆仑山和昆仑山地区植物》以及 *A Worldwide Monograph of Gentiana* 和 *A Worldwide Monograph of Swertia and Its Allies* 等多部学术专著。

出版的部分植物分类学相关专著　　肖洒 摄

为了解决在新的全球化时期，特别是进入基因时代以后所面临的许多新问题，如基因工程进展所造成的生态安全、生命安全等方面的问题，必须把分子层面的研究，以及分类学、生物多样性、生态系统、发育生物学在内的研究结合起来，才能够科学系统地认识地球生命现象和发展规律。这一现状也为标本馆的发展提供了切实的科研需求机遇。

五、科学精神的现实体现

科学研究离不开默默奉献、踏实肯干的科学精神，标本馆里就有这样一些几十年如一日、默默工作的老科学家。他们一丝不苟，认真仔细地鉴定每份标本。

杨永昌先生 1951 年毕业于南开大学生物系，1962 年调入西北高原生物研究所。他长期从事青藏高原植物区系分类、系统演化和植物资源开发利用的研

杨永昌先生鉴定植物标本　　　陈晓澄 摄

究，为了获取第一手科研资料，曾多次深入青海、川西和西藏等地区进行野外考察，采集了大量植物标本和实验材料。耄耋之年的杨先生仍放不下工作，每天到标本馆工作 3 个小时，拿着放大镜，仔细研究标本，每一个特征都要对照植物志一一核实，最后把鉴定好的学名认认真真地写在鉴定签上。

吴玉虎研究员鉴定植物标本　　　陈晓澄 摄

从事科研工作近 40 年的吴玉虎研究员，参加了"喀喇昆仑山—昆仑山地区综合科学考察""中国种子植物区系研究"等综合科学考察研究工作，在西藏、新疆、甘肃、青海等省区进行了几十次实地调研，积累了丰富的野外考察和科学探险经验。他先后采集各类植物标本 54000 余号，主编了《青藏高原维管植物及其生态地理分布》《昆仑山和喀喇昆仑山植物志》（四卷）、《青海植物名录》《喀喇昆仑山和昆仑山地区禾本科植物》（英文版）、《青海植物检索表》等专著，著有《秘境昆仑科学探险纪实》。吴老师退休不退责，仍每天按时来标本馆工作。吴老师常说：他是一株植物，不需别人的赞美和欣赏，到时间该开花就开花，该结果就结果。他还说：人一辈子能做自己喜欢的工作和事情是最幸福的了，他自己就是其中的一位。

看着他们的工作态度和精神面貌，我们还有什么理由不努力工作和学习呢？这些老科学家的奉献精神是我们标本馆的精神财富，是我们学习的榜样，这也正是西北高原生物研究所"牦牛精神"的体现。

六、科普宣传的前沿阵地

"科技创新、科学普及是实现创新发展的两翼，要把科学普及放在与科技创新同等重要的位置。"作为全国科普教育基地、青海省青藏高原生物学科研科普基地及西宁市爱国主义教育基地等，多年来，我馆科普展厅一直面向社会各界，特别是中小学生免费开放，每年平均接待 2000 余人次。标本馆对激发青少年学科学、爱科学、热爱祖国的热情，发挥了很好的作用。对宣传青藏高原的生物学知识和生物多样性保护，也起到了重要的作用。同时，标本馆还开展了趣味性、科学性的科普讲座、标本制作、自然体验、野外考察等活动，为我们子孙后代提供了一个认识自然、认识生物的好课堂。人类对生物学知识的不断了解和丰富，一定会逐渐增强人类保护自然、保护自己赖以生存的环境的意识。

学生走进研究所——科普讲座　肖洒 摄　　学生走进研究所——植物标本制作　肖洒 摄

科普走进三江源园区——认识源区植物　肖洒 摄　科普走进大山校园——植物标本制作　陈晓澄 摄

2020 年全国科技活动周活动　李文靖 摄

七、开拓创新的发展机遇

自 2017 年第二次青藏高原综合科学考察研究启动以来，标本馆发展迎来了新的契机。结合二次科考的科研任务，标本馆在做好科考服务的同时，积极走进科考一线。

自二次科考启动以来，标本馆工作人员累计野外考察近 200 天，足迹遍布青海全境，以及西藏昌都、那曲等地市，采集动植物标本 10518 余号，有效充实了馆藏标本类型和数量。

标本是国之宝藏，如何把标本管理好、利用好、保护好，宣传国宝的价值，是标本馆永恒的使命。特别是在以第二次青藏高原综合科学考察研究为代表的大型科研任务实施后，应加强精准采集，保证标本信息的完整性；重视数据挖掘，以科学问题引导数据整理；梳理总结经验，为标本馆运行管理、服务支撑提出新的要求，进一步正确认识生物标本的价值，探讨适应时代发展的标本馆管理运行模式。青藏高原生物标本馆将充分践行"牦牛精神"，借助二次科考的新机遇，不断开拓创新，努力探索标本保存与展示的新方法、新技术。

八、艰苦又充实的标本采集工作

在科学考察中，广大科研人员艰苦奋斗，团结协作克服了高原低氧、风雪严寒、交通不便等困难，跋山涉水、风餐露宿，采集了大量标本，掌握了丰富的第一手资料。标本采集过程是丰富和充实的，也是艰辛和困苦的。多年来，标本馆工作人员经历过偶然发现的欣喜与激动，也有过苦寻无果的焦灼与无奈；有过满载而归的喜悦，也有过陡崖滑落的惊险；有过风和日丽的惬意，也有过风雨交加的落魄。真可谓酸甜苦辣咸五味俱全。2020 年 7 月 28 日，我和标本馆工作人员一行 5 人在三江源国家公园玉树州曲麻莱县约改镇的龙纳在龙沟采集高山和冰缘带植物标本。我们沿着坡面保持 10 米的间距，一字排开，像排雷似的采集所能看见的每一种植物。我们边采集、边拍照、边记录、边欣

赏，观察着五颜六色的各种花朵：酸性使花青素反射红色光；碱性使花青素反
射蓝色光；中性使花青素反射紫色光；而类胡萝卜素或花黄素使花呈现黄色或
橙色；不含任何色素从而反射全部的光波，使花呈白色。流石滩上的植物植株
低矮，却拥有大而艳丽的花瓣，主要是为吸引昆虫传送花粉。

高山流石滩采集植物标本　　肖洒 摄

圆穗蓼、珠芽蓼草甸采集植物标本　　肖洒 摄

野外午餐　　肖洒 摄

野外压制植物标本　　金德勇 摄

野外采集鱼类标本　　肖洒 摄

野外夜晚诱捕昆虫标本　　肖洒 摄

海拔 5110 米的高山流石滩合影　　陈晓澄 摄

　　我们小心地扫视每一寸土地，总希望再前进一步就能发现新的物种。不知过了多久，感觉肚子咕咕叫，看时间已下午 2 点了，不知不觉爬了 5 个多小时，海拔也已经 5100 多米。我向大家挥挥手，招呼他们来吃午饭。拿出随身带的大饼、咸菜、火腿肠和水，幕天席地，大口大口地吃起来。大家一边吃，一边讲：我采集到水母雪兔子、多刺绿绒蒿、粗糙紫堇，他采集到虎耳草、红景天。同事肖洒兴奋地翻着自己的采集袋，拿出一株标本说："这个毛茸茸的叫什么？"我看了看，告诉他："这是唇形科的绵参。"大家谈笑风生，看不到一点疲劳。为了采集到更多的不同物种，采集标本时我们一般不走回头路。吃完午饭，我们从阳坡下山，阳坡要陡峭一些，砾石碎片更松散，我们小心地边采集边往下走。狂风暴雨突然来袭，我踩着砾石碎片差点摔倒。多亏平常喜欢运动，我下意识地立刻蹲下顺着砾石碎片往下滑，脚下使劲刹车，越刹越滑，滑了 5 米多才停下来。大风刮得人站不起来，大家只好半蹲着，半滑半走地下山。我们几个人的裤子和鞋子都被砾石碎片划破了，浑身上下被雨水浇透。标本采集每天都进行着类似的重复式的艰辛工作，但大家从没有叫苦叫累。

绵参（*Eriophyton wallichi*）

乌奴龙胆（*Gentiana urnula*）

粗糙黄堇（*Corydalis scaberula*）

陈晓澄 摄

君王绢蝶（*Parnassius imperator*）与水母雪兔子

矮垂头菊

多刺绿绒蒿

陈晓澄 摄

我们在大自然中领略着青藏高原特有动植物的风采，感受着青藏高原的生物带给我们无尽的神奇与魅力，享受着大自然泥土的气息和空气中弥漫着的鲜花的芳香——面对这样的回报，还有什么辛苦可言？

本章参考文献

何廷农，刘尚武.青海植物志(第3卷)［M］.西宁:青海人民出版社，1996:1-510.

毛康珊，姚醒蕾，黄朝晖.狭义五福花科的分子系统学和物种分化［J］.云南植物研究，2005，27(06):620-628.

王祖祥，李德浩，武云飞，等.青海经济动物志［M］.西宁:青海人民出版社，1989:76-78.

武云飞，陈宜瑜.西藏北部新第三纪的鲤科鱼类化石［J］.古脊椎动物与古人类，1980，18

（01）:15-22.

武云飞,朱松泉.关于皮鳞鱼属的讨论［J］.动物学报,1977,23（02）:182-186.

夏武平.滇池西岸螺蛳属(*Margarya*)的亚化石及其演化的探讨［J］.动物学研究,1982,3（04）:399-348.

印象初.西藏高原的蝗虫［M］.北京:科学出版社,1984:256-259.

张亚平."生物多样性保护与生态文明"专题序言［J］.中国科学院院刊,2021,36(04):373-374.

郑作新,李德浩,王祖祥,等.西藏鸟类志［M］.北京:科学出版社,1983:304-305.